KB051269

여행이 부르는 노래

여행이 부르는 노래

초판 1쇄 발행 2022년 9월 23일

지은이 강이석

펴낸이 김선기

펴낸곳 (주)푸른길

출판등록 1996년 4월 12일 제16-1292호

주소 (08377) 서울시 구로구 디지털로 33길 48 대륭포스트타워 7차 1008호

전화 02-523-2907, 6942-9570-2

팩스 02-523-2951

이메일 purungilbook@naver.com

홈페이지 www.purungil.co.kr

ISBN 978-89-6291-982-0 03980

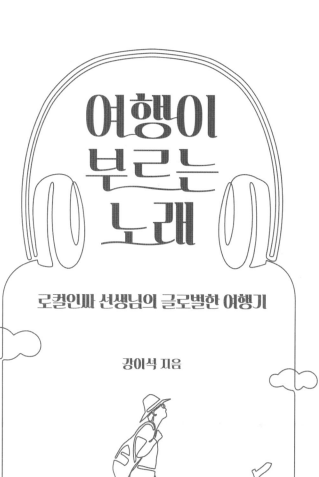

여행이
부르는
노래

로컬인짜 선생님의 글로벌한 여행기

강이석 지음

푸른길

차례

프롤로그 6

스무살의 캐나다

01 외국인 노동자의 첫 번째 여행 10

02 소주와 재즈는 No Problem! 17

03 차이나타운에서 사라져 버린 추억 24

유럽에서 막살기

04 유럽여행 출발자 모임 34

05 여행에서 길을 잃는다는 것 38

06 저기 혹시 환전하셨나요? 47

07 유럽에서 막살기의 탄생 52

08 알프스에서 인생 첫 스키를 타는 사람들 59

09 밀라노에 간 단 한 가지 이유 65

10 Love story in Italy 71

11 내일모레 서른파티 82

메콩델타에서 하롱베이까지

12 세상에서 나와 가장 많이 닮은 남자의 한 마디 90

13 온몸으로 배우는 열대기후 98

14 Memoirs Of A Gay 106

15 가끔씩은 화를 내는 것도 필요해 114

티베트, 자유, 그리고 여행

16 티베트 자유여행의 시작 128

17 칭짱철도에서 만난 사람들 134

18 여행의 끝판왕들이 모이는 그곳 144

19 하늘호수로 떠난 택시 153

20 티베트의 자유를 꿈꾸며 162

춘천-여수 도보여행

21 내 생애 단 한 번 172
22 할 수 있을 텐데가 아니라 지금 당장! 180
23 도보여행에서 얻을 수 있는 세 가지 189
24 나는 지금 여수 밤바다 197
25 비제의 베리스모 오페라처럼 208

토포필리아 영국

26 오! 런던, 나의 사랑 218
27 흐린 명동 하늘을 보며 오아시스를 꿈꾸다 227
28 Jisung Park is my friend! 236
29 왜 동양인들은 혼자 여행을 못해? 246
30 캠던에 울려 퍼지는 영국의 앤섬 253

스칸디나비아에서 만난 사람들

31 3분 만에 끊은 코펜하겐 왕복티켓 264
32 베르겐산 정상에서 소주잔 돌리기 271
33 노르웨이 숲에서 만난 투머치토커 278
34 오슬로의 청소부와 신자유주의 285
35 스톡홀름 세븐일레븐에서는 맥주를 안 판다고? 293

에필로그

평범한 하루가 여행이 될 수 있다면 304

　여행을 하면서 보고, 만나고, 느꼈던 순간들을 떠올려 보면 그 속에는 항상 음악이 있었다. 하나의 이야기마다 당시 들었던 노래나 상황에 맞는 음악을 연결했고, 제목을 『여행이 부르는 노래』로 정했다. 책을 읽으며 각 이야기마다의 노래를 들으면, 그 순간의 분위기를 온전하게 느끼며 여행할 수 있을 것이다.

　『여행이 부르는 노래』에는 여행의 정보보다는 이야기와 음악이 있고, 순간순간의 감각과 로맨스가 담겨 있다. 20살 배고픈 유학생의 첫 번째 여행부터 로맨스가 있던 유럽여행, 당시 아무나 갈 수 없었던 티베트여행, 서른을 앞둔 나이에 창업한 회사를 그만두고 떠난 춘천–여수 도보여행, 그리고 여행 중 순간적으로 떠오르는 생각과 감정들까지.

만약 나의 20대에 여행이라는 오아시스가 없었더라면 대학생활과 어쩌면 삶 자체가 전부 망가졌을지도 모르겠다. 20대 초반에는 세상 모든 것이 불만이었고, 지금의 모습을 만든 모든 상황이 원망스러웠다. 지나친 열등감과 자만심의 양극단을 위태롭게 오가며 정작 중요한 현실에는 충실하지 못한 채 자극적인 것만을 찾았다. 인정하고 싶지 않은 현실에서 잠시나마 벗어나기 위해 거의 매일을 술에 취해 살았고, 권태로움과 외로움을 달래기 위해 사랑 없는 사랑을 갈구했다. 공부는 완전히 뒷전인, 학사경고나 맞지 않으면 다행일 정도의 그런 날들의 연속이었다.

끝이 안 보이는 아득한 터널 속에서 나를 구해 준 것이 바로 여행이었다. 물론 여행도 현실에서 벗어나고 싶은 수단 중 하나였겠지만, 무절제한 술과 의미 없는 연애보다는 생산적이었다. 또한 여행을 준비하기 위해서는 돈이 필요했고, 그러기 위해서는 일을 해야 했다. 시급이 높거나, 일이 재밌거나, 전공이나 특기를 살릴 수 있는 아르바이트를 하면서 자연스럽게 다양한 경험이 생겼다. 이보다 더 의미 있는 사실은 여행의 여러 부분이 전공인 지리학과 매우 밀접하게 관련 있다는 것이다. 점차 여행은 나에게 가장 중요한 우선순위가 되었고 바닥을 쳤던 자존감은 여행으로 인해 회복되기 시작했다.

스무살의 캐나다

01

외국인 노동자의 첫 번째 여행

20살, 대한민국 서울과 캐나다 위니펙의 기억

"엄마가 암에 걸렸다."

원래도 무뚝뚝하던 아버지의 목소리가 그 순간은 더욱 딱딱하게 내 귀로 박혔다. 사실 몇 달 전부터 어렴풋이 불안했지만, 불안감을 현실로 마주하자 맥이 탁 풀리며 눈물이 왈칵 쏟아졌다.

수능을 이제 막 끝마친 19살의 소년에게는 암이라는 단어한 마디가 4기, 전이, 생존율 따위의 복잡하고 슬픈 말보다더 아프게 다가왔다. 2002년 12월 겨울 수능을 망친 나는 혜화역 4번 출구에서 어린아이처럼 엉엉 울었다. 귓가에는 노브레인의 'Little baby'가 나를 위로해 주듯 울려 퍼졌다.

고등학교를 졸업하고 나니 이제 드디어 어른이 된다는 해방감과 더불어 그동안 나를 둘러싸고 있던 소속감이 없어진다는 묘하고 낯선 불안감이 엄습했다. 그렇다고 어디든 속하고 싶은 마음에 원하지 않는 대학을 다니기는 싫었다. 당시 쓸데없는 허세가 하늘을 찔렀지만 자존감은 바닥을 뚫을 정도로 낮았다. 어서 이 냉혹하고 낯선 현실에서 벗어나고 싶었다. 그렇게 나는 대한민국에서 도망쳤다.

유학은 보통 학업에 대한 목표가 뚜렷하거나 돈이 많은 경우에 가는 것이 일반적이지만, 나는 둘 다 아니었다. 그저 안 좋은 상황을 피하고 싶었고 새로운 환경이 막연하게 기대되어 캐나다로 이른바 '도피유학'을 떠났다. 보통 캐나다로 유학을 간다고 하면 서부의 밴쿠버나 동부의 토론토를 떠올리지만 당시 나는 듣도 보도 못한 위니펙이란 곳으로 왔다.

캐나다 중부 매니토바의 주도 위니펙은 시베리아급 혹독한 추위로 악명이 높은 곳이다. 5월에 눈이 오는 것은 놀라운 일이 아니고, 한겨울에는 혹독한 추위로 거리를 걷는 것조차 힘들어서 건물마다 스카이워크가 연결되어 있다. 제대로 된 봄과 가을은 찰나이고, 짧은 여름에는 대한민국 면적과 비슷한 위니펙 호수에서 탄생한 잠자리만 한 모기들이 토네이도처럼 거리를 휩쓴다.

환경을 중요시하는 캐나다는 살충제를 판매하지 않기 때

위니펙은 5월 중순에도 폭설이 내린다!

문에 모기기피제를 뿌린 채 모기떼를 휘저으며 집으로 뛰어 들어가는 이색적인 경험도 했다. 이런 혹독한 환경 때문에 위니펙에는 한국인이 거의 없어 영어를 배우기에는 최적의 조건이라는 아니러니한 장점은 있었다.

운 좋게 공립대학에 입학했지만 사무치는 외로움에 밤새 국제전화를 하며 몇십만 원씩 탕진했고, 세계에서 담배가 가장 비싼 나라에서 담배를 처음 시작하는 미련한 실수도 했다. 그 때문에 학비와 생활비 외에도 꽤 많은 돈이 필요했다.

가뜩이나 어려운 상황에 도망치다시피 유학까지 왔는데 집에 손을 벌리고 싶진 않았다. 지인의 소개로 '무시로'라는 일식집에서 아르바이트를 시작했다. 사실 엄밀히 따지면, 학생비자를 가지고 있는 유학생은 경제활동을 하면 안 된다. 하지만 나는 배고픈 유학생이었고 돈이 필요했기 때문에 어쩔 수 없이 불법 외국인 노동자 신분이 되었다.

나의 역할은 디시 워셔였다. 종종 주방장 찰리가 밥을 지으라고 하거나 데리야키 소스를 만들게 했지만 주 업무는 접시와 컵을 깨끗하게 닦고 정리하는 일이었다. 물론 모두가 출근하기 전 식당을 청소하거나 마감 후 쓰레기를 모아 버리는 등 모든 잡일은 나의 몫이었다.

학교가 끝나는 오후 4시 무렵부터 새벽 1~2시까지 쉴 새 없이 접시를 닦고, 청소를 하고, 밥을 지었다. 가난한 유학생은 항상 배가 고팠다. 가끔 손님이 남긴 상태가 좋은 캘리포니아롤이나 덴푸라를 보면 배고픔의 유혹을 이기지 못하고 허겁지겁 손으로 집어먹었다. 그러다가 찰리의 눈에 띄면 주방의 프라이드를 더럽혔다고 혹독하게 혼났다.

그리고 보면 주방장 찰리는 "그릇이 왜 이리 더럽냐?", "바닥은 왜 이 모양이냐?", "밥을 왜 이렇게 해놨냐?", "영어 발음은 왜 그러냐?"라며 마치 군대 선임처럼 나를 괴롭혔다. 반면 웨이트리스 미유키는 나에게 꽤나 잘해 주었다. 캐나다에서 어릴 적부터 살아서 네이티브처럼 영어를 구사했던 미유키는 나에게 여러 가지 표현을 알려주기도 했고, 받은 팁을 주방장 찰리뿐만 아니라 한낱 접시닦이인 나에게도 나누어 주었다.

친절한 미유키의 도움 덕분에 일이 능숙해졌고 주방장 찰리와 대화를 나누며 영어는 점차 늘었다. 그러다 보니 학교에서도 영어로 대화하는 것이 편해졌으며 친구도 점점 많아졌다. 바닥을 뚫었던 자존감이 점차 회복되면서 열심히 일한 만큼 통장의 잔고도 늘어났다.

7월 '캐나다 데이' 무렵, 친구들은 하나둘씩 여름방학을 맞아 여행을 준비했다. 대만 출신 앤드류는 로키산맥이 있는 밴프로, 얼굴만 봐도 웃음이 나는 오사카 출신 마사는 밴쿠버로 여행을 간다고 한다. R발음을 못하는 사람들에게 한 명

열심히 접시를 닦던 일식집 무시로

씩 혀를 빠르게 굴리며 시범을 보이는 멕시코 출신 알베르토는 쿠바로 떠난다며 너스레를 떤다. 어제 산 100만 원짜리 휴대폰을 잃어버리고 똑같은 걸 바로 살 정도로 부자인 중국인 친구 유웨이는 미국으로 여행을 간다. 그렇게 친구들의 여행 계획을 듣다 보니 나도 친구들처럼 어딘가로 떠나고 싶었다.

물론 지금은 그럴 만한 상황이 아니고 경제적으로 여유가 없다는 것도 알고 있었다. 하지만 지금 이 순간 떠나지 못한다면 후회할 것 같았다. 통장의 잔고를 확인해 보니 그래도 지난주 팁이 많이 들어와서 조금 무리하면 갔다 올 수는 있겠다 싶었다. 집에서 싸 온 샌드위치로 가볍게 점심을 때우고 학교에서 멀지 않은 에어캐나다로 가서 그동안 차곡차곡 모았던 돈으로 토론토행 비행기표를 끊었다.

숙소는 정말 이래도 되나 싶은 저렴한 차이나타운 숙소로 예약했고, 도시 간 이동은 불편하기로 악명이 높은 '그레이하운드'로 정했다. 그래도 명색이 여행인데 사진은 남겨야지. 베프 유웨이에게 디지털카메라도 빌렸다.

그렇게 캐나다 깡촌 위니펙 일식집에서 접시를 닦던 외국인 노동자는 캐나다 동부로 인생 첫 여행을 떠난다.

첫 번째 여행이 부르는 노래: Little Baby ♪ ~ No brain ♫

16

02

소주와 재즈는 No Problem!

21살, 캐나다 토론토의 기억

캐나다 최대 도시 토론토에 도착해서 처음 간 곳은 당시 세계에서 가장 높은 건축물이자 토론토의 랜드마크인 CN타워도, 메이저리그 야구팀 토론토 블루 제이스의 홈구장인 로저스센터도 아니었다. 물론 유명 관광지 카사로마나 롤러코스터가 유명한 원더랜드도 아니었다.

토론토 피어슨 국제공항에 내리자마자 숙소에 체크인도 하지 않고 처음 도착한 곳은 바로 코리아타운이 있는 크리스티역이었다. 내가 살고 있던 위니펙은 극심한 추위와 부족한 시설 때문에 한국 사람이 별로 없었고 코리아타운도 형성되어 있지 않았다. 그래서 나는 한국 음식과 문화가 그리워 미칠 지경이었다.

크리스티역에 도착하자마자 곧장 감자탕집에 들어가 뼈다귀 해장국과 소주를 시켰다. 인생 첫 혼술은 아마 그때가 아니었지 않나 싶다. 나 홀로 소주를 따라 잔을 소주병에 부딪친 후 탁 털어 넣었다. 바로 이 맛이다! 이 쌉싸름하고도 달콤한 한국의 맛이 너무도 그리웠다. 거기다 시원하고 얼큰한 감지탕 국물과 뼈에 붙은 고기를 부드럽게 찢어서 함께 들이키니 오랜만에 한국을 온몸으로 느낄 수 있었다.

그러다 문득 나름 인생 첫 여행인데, 이런 내 모습이 어이가 없어서 웃음이 나왔다. 하지만 어쩌면 이 순간이 남들 다 가는 유명한 곳에서 '인증샷'을 찍는 뻔한 여행이 아니라, 가장 가고 싶은 곳에서 하고 싶은 것을 하는 내 여행의 시작이라는 점에서 꽤나 의미 있는 장면일지도 모르겠다.

감자탕으로 한국과의 재회를 마친 후 이제 또 다른 한국을 느낄 차례, 바로 노래방이다. 요즘은 코인 노래방이 곳곳에 생겨 혼자 노래방을 가는 것이 흔한 일이지만, 당시에는 꽤나 이례적인 일이었다. 나는 신경쓰지 않고 첫 곡 번호를 눌렀다. 1-1-4-9-1, 임창정의 소주 한잔. 술도 한잔 했겠다, 첫 소절부터 울컥했다.

익숙하고 그리운 멜로디를 들으니 한국의 여러 장소와 장면이 눈에 맺혔고, "그 좋았던 시절들"이란 가사를 들으니 그

토론토 한인타운 크리스티역

리운 사람들이 하나둘 떠오르며 눈물이 왈칵 쏟아졌다. 내가 그대 소중한 마음을 밀쳐낸 것이 아니라 그대가 내 소중한 마음을 밀쳐냈지만, 어느덧 가사 속 나와 그대는 현실 속 그대와 나로 바뀌어 있었다.

결국 노래는 끝까지 부르지 못했고 노래방 안에는 간주 소리만 외롭게 들렸다. 창정이 형의 슬픈 표정이 노래방 스크린에 아련하게 비친다.

크리스티역에서 한국과의 찐한 회포를 풀고 차이나타운 뒷골목 구석에 위치한 허름한 호스텔에 체크인했다. 너무 싸서 걱정했지만 '그래도 사람이 사는 방이 거기서 거기겠지!' 하며 예약한 방이었다.

호스텔에 들어가니 류시화 작가의 『지구별 여행자』에서 묘사한 방과 필적할 정도였다. 물론 그 책에 소개된 바라나시의 집처럼 지붕이 없지는 않았다. 대신 녹슨 침대 가운데 나무 지지대가 부서져 있었고, 그곳은 정확히 내 엉덩이 부분이라 누우면 몸의 1/3가량이 아래로 쑥 빠졌다. 후각이 정말 둔감한 나에게도 불쾌한 냄새가 느껴지는 호스텔에 짐을 던져 놓고 밖으로 나왔다.

그래도 토론토의 랜드마크는 봐야겠다는 마음에 CN타워로 향했다. CN타워 전망대 엘리베이터는 20달러. 이 돈이면 더 좋은 숙소를 예약했을 거라는 후회는 500m 아래가 투명하게 보이는 아찔한 스카이워크에서 사진을 찍는 순간까지 머릿속을 떠나지 않았다.

나는 '그때 그랬더라면 지금 이렇지 않았을 텐데.'라는 현재를 끊임없이 낭비하는 안 좋은 습관을 가지고 있었다. 하지만 그 순간 '지금 세계에서 가장 높은 탑에 올라와 있는데 어찌할 수 없는 과거의 일에 집착하느라 이 중요한 순간을 놓치고 있구나.'라는 생각이 들었다.

낯선 환경에서 낯선 장면을 보니까 평소에는 떠오르지 않던 생각이 떠오르는 게 신기했다. '여행은 생각의 산파'라는 알랭 드 보통의 글이 떠올랐다. 쓸데없는 과거에 대한 미련으로 소중한 현재를 소홀히 하지 말아야지. 여행의 묘미는 이런 데 있구나!

CN타워에서 내려오니 제법 어두워졌다. 마침 토론토는 재즈 페스티벌 중이다. 재즈 공연은 일반 공연장뿐만 아니라 야외무대와 시내 곳곳에 있는 펍이나 바에서도 산발적으로 이루어지고 있었다. 그때까지 재즈라는 음악을 한번도 접해본 적 없었지만, 여행 중이니까 한번 시도해 보는 것도 좋다고 생각했다. 토론토 시내의 중심, 퀸스트리트를 걸으며 여러 펍들을 구경했다. 그러다 귀에 착착 감기는 소리에 이끌려 들어간 재즈바 '더 렉스'.

밴드 구성은 심플했다. 메인 멜로디를 치는 피아노, 칙칙

칙 심벌즈 소리의 드럼, 그리고 둥둥거리며 소리를 받쳐 주는 콘트라베이스. 나는 홀린 듯이 재즈 연주에 빠져들었다.

들어선 순간부터 꽤 긴 시간 동안 넋을 잃고 서서 연주를 감상했다. 당시 여행을 하며 수첩에 적은 재즈에 대한 내 감상은 '너무도 진한 치즈와 커피를 함께 먹는 느낌'이었다.

밴드의 연주가 잠시 멈췄고 방금까지 콘트라베이스를 연주하던 할아버지가 내 옆으로 와서 맥주를 한 잔 시켰다. 넋 놓고 바라보던 재즈 연주자가 바로 내 옆에 앉다니. 반갑고도 놀란 마음에 순간적으로 "How is it goin eh?"라고 물었다. 사실 그건 그가 나한테 할 말이었지만 할아버지는 "Real cool dude!"라며 카우보이처럼 되받아쳤다. 그러고는 나에게 "너 캐나다에서 왔구나?"라고 말했다. 아, 내가 어느덧 캐나디안 'eh'를 쓰고 있구나!

나는 한국에서 캐나다로 온 유학생이며 방학이라서 토론토로 여행을 왔다고 말했다. 할아버지는 텍사스 출신인데 이번 재즈 페스티벌에 참가하기 위해 토론토까지 왔다고 한다. 나는 방금 연주한 곡이 너무 좋았다며 곡명과 연주자를 물었다. 그렇게 알게 된 듀크 조던의 'No Problem'.

그는 연주를 모두 끝마치고 다시 내 옆으로 와 긴 대화를 나누었다. 술이 한잔 들어가니까 '내가 이렇게 영어를 잘했나?' 싶을 정도로 대화가 자연스럽게 이어졌다. 여행을 하면서 처음 만난 사람과 대화를 나누는 것의 매력을 그때 처음 느꼈다. 어떻게 보면 그 할아버지도 여행 중이니까 그러지 않았을까. 텍사스 할아버지와 캐나다 유학생은 다른 재즈 연주자의 공연을 함께 들으며 잔을 부딪쳤다.

두 번째 여행이 부르는 노래: 소주 한 잔 ♪ 임창정 ♫

03

차이나타운에서 사라져 버린 추억

21살, 캐나다 토론토·나이아가라의 기억

나이아가라 폭포는 토론토에서 버스로 1시간 30분 거리에 있다. 나는 고속도로에 들어서자마자 잠이 들었고, 눈을 떠 보니 나이아가라시티에 도착해 있었다. 폭포를 보려면 나이아가라시티 터미널에 내려서 다시 시내버스를 타고 10분쯤 가야 한다. 나이아가라 폭포로 가는 동안 초당 수천 톤의 물이 떨어지는 굉음과 쿵쿵거리는 진동이 점점 커지는 것 같았다.

드디어 나이아가라 폭포가 눈앞에 펼쳐졌고 마치 클럽의 커다란 스피커 앞에 서 있는 것 같았다. 물안개 사이로 자그마한 무지개가 보였다. 폭포의 웅장한 모습, 자욱한 물안개,

귀를 저릿하게 하는 굉음, 가슴을 울리는 진동이 한꺼번에 쏟아진다. 이렇게 나는 나이아가라를 만났다.

나이아가라 폭포는 크게 아메리칸 폭포와 캐나다의 호스슈 폭포로 나뉘는데, 우리가 흔히 사진에서 보는 나이아가라 폭포는 말발굽 모양의 호스슈 폭포다. 미국에 위치한 아메리칸 폭포는 캐나다 맞은편에 위치하고 있어서 캐나다에서만 볼 수 있다. 호스슈 폭포도 미국에서 바라보면 비스듬히 보이기 때문에 캐나다 쪽에서 정면으로 바라보는 것이 훨씬 잘 보인다.

그래서 미국에서 나이아가라 폭포를 보러 온 사람도 대부분 미국과 캐나다 국경을 이어주는 '레인보우 브릿지'를 건너 캐나다 국경에 있는 미놀타 타워 쪽에서 폭포를 바라본다.

직접 배를 타고 폭포가 떨어지는 물줄기 앞까지 들어가는 보트투어를 신청했다. 파란 우비를 입고 호스슈 폭포의 물의 파편을 맞으며 온몸으로 나이아가라를 느꼈다. 그 순간의 거대한 물줄기 소리와 안개, 그리고 생생한 내 표정을 남기고 싶어 동영상도 촬영했다. 너무도 거대한 자연을 마주해서인지 맥이 탁 풀렸고, 미놀타 타워 근처에 앉아 한동안 폭포를 바라보다 해질 무렵 토론토로 돌아왔다.

유학을 온 후 '혼밥'이 아주 자연스러워졌다. 캐나다 학교에서는 캠퍼스 잔디밭에 앉아 샌드위치를 먹거나 카페테리

나이아가라의 사진은 차이나타운에서 사라져 버렸다!

아에서 혼자 학식을 먹는 모습은 매우 흔한 일이다. 반면 우리나라에서는 혼밥하는 자신의 모습이 부끄러워 남의 눈치를 보기도 하고 친하지도 않은 친구들과 억지로 밥을 먹기도 한다.

사실 혼술도 나쁘지 않다. 혼자 음악을 듣거나 글을 쓰면서 마시는 맥주 한잔은 하루를 마무리하는 꽤나 괜찮은 휴식이 된다. 여행을 와서 혼밥, 혼술, 거기다가 혼자 노래방까지 갔지만, 혼자 놀이공원을 가는 건…. 아, 이건 아무리 캐나다라도 좀 빡쎄다!

원래 이날은 중세풍 궁전 카사로마에 가려고 했지만 공사 중이라 입장 할 수 없다. 어디를 갈까 고민하던 중 캐나다뿐만 아니라 세계적으로 무서운 롤러코스터로 유명한 테마파크 원더랜드가 생각났다. 그렇게 나는 '혼자서도 잘해요' 만렙을 채웠고, 토끼 머리띠를 장착하고 셀피를 찍었다.

혼자 놀이공원에 오면 커다란 장점이 하나있다. 인기가 많아서 오래 기다려야 하는 놀이기구도 굉장히 빨리 탈 수 있다는 점이다. 놀이공원은 대부분 짝수로 오고 놀이기구도 둘씩 탑승하는 경우가 많기 때문에 혼자 온 사람이 빈 자리에 먼저 앉을 수 있다. 마침 엄마, 아빠, 10살 정도 되는 어린 아들 이렇게 셋이서 온 가족이 있었는데, 아이가 혼자 앉게 되었다. 그 빈자리에 내가 앉자 파란 눈의 그 아이는 토끼 머리

띠를 한 커다란 동양인이 이상한지 어색한 눈빛으로 나를 쳐다보았다.

원더랜드에서 가장 기억에 남는 건 서서 타는 롤러코스터였다. 선 상태로 기차에 탑승하면 안전바가 온몸을 감싼다. 그리고 철로를 따라 정상에 도착하는 순간, 잠시 멈추었다가 그대로 직하강! 이 롤러코스터는 온몸이 펴진 상태에서 지면과 거의 평행한 상태로 떨어시기 때문에 번지점프하는 느낌과 비슷하다. 이 롤러코스터도 지루한 기다림 없이 빨리 탈 수 있었다. 이게 바로 혼자 오는 놀이공원의 매력이다.

저녁은 그래도 좀 근사하게 먹고 싶었다. 지금까지 손님들이 남긴 캘리포니아롤을 주방장 찰리 몰래 도둑처럼 주워 먹으며 번 돈으로 여행을 왔다. 오늘 하루만큼은 고급식당에서 남의 눈치 안 보고 멋진 식사를 하고 싶었다.

사실 한정된 금액으로 여행을 하다 보면 식비나 숙소, 공연이나 액티비티 등을 선택할 때 가격을 생각해야 한다. 식비로 배정한 금액을 끼니 수로 나누어 평균을 잡으면 매번 배고프지 않게 지낼 수는 있다. 하지만 그런 평범한 한 끼는 기억에 남는 순간이 되기 힘들다. 그렇다고 매 끼니를 비싸게 먹을 수는 없다. 그래서 나는 여행을 할 때 조각 피자나 컵라면, 심지어 바게트 조각과 같은 저렴한 식사를 하며 돈을 축적했다가 한번에 터뜨리는 식의 식사를 하는 편이다.

그래야 기억에 오래 남는 여행이 된다고 믿는다.

토론토에서의 마지막 저녁 식사 장소는 '야마토', 이름만 들어도 비쌀 것 같은 철판 스테이크 집으로 정했다. "웰컴, 웰컴! 이랏샤이 마세!" 우렁차면서도 친절한 일본의 억양이 나를 환영한다. 그동안 일식집에서 일하며 쌓인 설움을 여기에서 모두 풀 것이다. 남은 현금은 100달러, 찬찬히 메뉴를 살펴보며 오늘의 만찬을 정했다. 메인은 와규 스테이크, 굽기는 있어 보이는 미디엄 레어로. 분위기를 위해 와인도 한 잔 시켰다. "디저트는 나중에 생각해 볼게요."

웨이터는 친절하면서도 품격 있는 미소를 지으며 내가 시킨 메뉴를 확인한 후 "Yes sir.", 음식을 가져오면서도 "Enjoy it sir." 말 끝마다 꼭 'Sir'를 붙였다. 이게 바로 고급식당에서 대접받는 느낌이구나. 빨간 육즙이 영롱하게 고여 있는 스테이크를 먹음직스럽게 썰어 입에 넣고, 쌉싸름한 레드와인의 향기에 취하며 첫 여행의 마지막 밤을 즐겼다. 고풍스러운 일본 전통음악이 흐르고 이 밤이 영원할 것만 같았다.

식사를 마치고 "Receit, please."를 외쳤다. 친절한 웨이터는 미소를 가득 담은 채 영수증을 가져왔다. 뭐? 120달러?! 나는 지갑에 100달러밖에 없다. 분명 가격에 세금, 그리고 15%의 팁까지 생각하고 메뉴를 시킨 건데. 그리고 저 친절한 웨이터에게 남은 돈은 "Keep the change!"를 외치며 나오려고 했는데. 이게 무슨 일이란 말인가! 당황하는 나의 표정을 본 웨이터의 표정이 점차 친절함과 따뜻함에서 불안함과 싸늘함으로 변해 갔다. '저 새끼 돈이 없구나.'

나는 지금 돈이 없으니 일단 가방을 맡기고 얼른 돈을 찾아오겠다고 말했다. 누가 봐도 낡고 허름한 백팩을 건네받은 웨이터의 말은 여전히 "Yes sir."였지만 표정은 아니었다. 부끄러움과 수치심을 가득 안고 달려 근처 ATM기로 향했다. 그리고 남은 잔고를 모두 인출하여 맡겨 두었던 낡은 백팩과 교환했다. 이렇게 나의 첫 고급스러운 저녁식사는 전혀 고급스럽지 않게 마무리되었다.

허탈한 마음으로 허름한 숙소로 돌아왔다. 불 꺼진 방의 삐걱대는 2층 침대에 누워 지금까지 찍은 사진과 영상을 천천히 살펴봤다. 첫 여행의 기록들, 이 모든 것을 내 손으로 남겼다는 것이 뿌듯했다. 그렇게 혼자 감탄하며 사진을 보다가 침대 가운데 움푹 들어간 싱크홀에 엉덩이가 쑥 빠졌다.

그 순간 카메라의 버튼을 잘못 눌렀는지 액정화면에는 "Erase All?"이라는 문구가 뜬다. 그런데 YES와 NO 중에 어떤 것을 선택해야 하는지 도무지 알 수 없었다. 침착해야 한다. 영화 〈매트릭스〉에서 블루필과 레드필을 선택하는 네오의 심정이 이랬을까? 신중하게 고민에 고민을 하다가 NO에 하얀색 커서를 두고 OK 버튼을 눌렀다. 그 순간, "Erase All"

이라는 문구가 뜨며 하얀 그래프가 왼쪽에서 오른쪽으로 빠르게 차 오른다. 안돼!!

척수에서부터 터져 나오는 외침이 모두가 잠든 불 꺼진 도미토리에 울려 퍼졌다. 나는 재빨리 카메라 전원 버튼을 눌렀지만, 다시 카메라를 켰을 때 액정화면에는 "SD card is empty"라는 글자만 깜빡이고 있었다. 그렇게 나의 첫 번째 여행, 나이아가라의 물안개와 처음으로 혼자 갔던 원더랜드, 고급스러운 야마토의 추억들은 한순간에 모두 사라지고 말았다.

세 번째 여행이 부르는 노래: No Problem ♪ ~ Duke Jordan 🎵

야마토의 철판 스테이크

유럽에서 막살기

04

유럽여행 출발자 모임

23살, 대한민국 서울과 체코 프라하의 기억

　유학 생활을 해 보니 해외여행과 외국에서 사는 것은 완전히 다르다는 것을 알게 되었다. 해외여행은 낯선 환경에서 새로운 사람들을 만나는 '일상에서 벗어나는 행위'지만, 외국에서의 삶은 낯선 환경에 적응하며 살아가야 하는 '일상 그 자체'이기 때문이다.

　낯설었던 캐나다가 익숙하고 지루해지면서 너무도 익숙했던 한국이 낯설고 그리워졌다. 소주에 감자탕과 닭갈비, 삼겹살을 먹고 싶었고 얼른 홍대입구역 6번 출구와 혜화역 4번 출구에서 놀고 싶었다. 2004년 처음 생긴 KTX를 타고 부산도 가고 싶었다. 그렇게 나는 하루라도 빨리 한국으로 돌아가기를 원했다.

 캐나다에서 대학을 다니며 외국 생활을 해 보았지만, 어쩐
지 신대륙인 북아메리카는 클래식함도 없고 고풍스럽지도
않아서 마음에 들지 않았다. 그저 회색빛 아스팔트와 콘크리
트 건물들로 만들어진 인공적인 도시였다. 유럽의 클래식함,
구대륙의 고풍적인 분위기를 느끼고 싶었다. 그렇게 나는 신
대륙에서 구대륙을 꿈꿨다.

 유럽여행을 아무 정보 없이 혼자 준비하다 보니 처음에는
너무 막막했다. 여행 기간, 경로, 체류 기간, 도시 간 이동, 항
공사, 숙박 등 무수히도 많은 질문들이 머릿속에 마구 쏟아
졌다.

 일단 차근차근 시작해 보았다. 런던 IN-런던 OUT의 대
한항공 비행기표를 끊었고 영국에서 유럽 대륙으로의 이동
은 도버해협을 건너는 유로스타로 정했다. 그 후의 일정들을
이제 정해야 하는데, 아 또다시 막막해진다.

 유럽여행에 대한 구체적인 정보는 네이버 카페 '유랑'에서
찾았고 그곳에서 정기적으로 '유럽여행 출발자 모임'을 한
다는 소식을 알게 되었다. 그 모임은 이미 유럽을 한 번 이상
다녀온 유럽여행 고수들이 초보자들의 멘토가 되어 살아있
는 정보를 직접 전달해 주는 오프라인 모임이다.

 출발자 모임은 유럽여행 초보자인 나에게는 구세주 같은

존재였다. 홍대 여행자 카페에서 열린 유럽여행 출발자 모임은 유랑 대표의 인사로 시작되었다. 말 한마디, 한마디마다 여행의 내공이 가득 느껴졌다. 아 멋있다. 나도 언젠가 저렇게 남들 앞에서 여행 이야기를 하고 싶었다.

본격적으로 여행 멘토들에게 질문을 하고 답변을 들었다. 역시 상담은 전문가에게 직접 해야 한다. 나 홀로 고민했던 궁금증들이 깔끔하게 해결되있다. 멘토와 멘티의 만남이 끝난 후 2차로 식사를 했고 거기서 친해진 사람들은 3차까지 갔다.

마지막까지 남은 사람들은 나를 제외한 대부분이 유랑의 운영진이거나 여행의 초고수들이었다. 나는 최대한 경청하는 자세로 여행 고수들의 '여행 썰'을 귀담아들었다. 각각의 사람마다 나름의 에피소드가 있었고, 새로운 만남이 있었고, 사랑이 있었다. 그리고 이것들은 새롭게 인생을 시작하는 계기가 되었다.

여행의 힘이란 이런 것이구나. 여행은 참 매력적이구나! 이번 유럽여행을 다녀와서 나도 이 사람들처럼 또 다른 여행 초보들에게 나만의 여행 이야기를 해 주기로 결심했다.

여행 준비의 막바지, 경로와 도시 간 이동은 어느 정도 가닥이 잡혔다. 이제는 세부적으로 각 도시에서 무엇을 할지 정도만 생각해 보면 되는 단계다. 그때 유랑 게시판에 나의 첫 유럽여행을 아예 바꿔버린 글이 하나 올라온다. "프라하에서 크리스마스 보내시는 분".

어? 그러고 보니 내 일정이 딱 그렇다. 12월 24일 체코 프라하에 도착해서 26일에 오스트리아 잘츠부르크로 간다. 반가운 마음에 클릭해 보니 크리스마스를 프라하에서 보내는 사람들끼리 바츨라프 광장에서 함께 크리스마스 파티를 하자는 내용이다. 갑자기 마음이 마구 설렌다. 유럽에서, 그것도 야경이 너무나도 아름답다는 체코 프라하에서 크리스마스 파티라니!

몸은 아직 한국에 있지만 마음은 이미 체코 프라하에 있었다. 크리스마스 분위기가 물씬 느껴지는 2006년 12월 어느 날이었다.

네 번째 여행이 부르는 노래: 크리스마스니까 ♪ - 성시경 외 🎵

05

여행에서 길을 잃는다는 것

23살, 벨기에 브뤼셀·네덜란드 암스테르담·독일 쾰른의 기억

오랫동안 꿈꾸던 구대륙, 유럽에 도착했다. 런던 유스턴역에서 유로스타를 타고 도버해협을 건너 유럽 본토로 들어가니 크게 달라지는 점이 몇 가지 있다.

첫 번째, 영국은 파운드를 쓰지만 유럽은 공동화폐인 유로를 사용한다. 두 번째, 당연한 이야기지만 유럽은 영어를 거의 사용하지 않는다. 네덜란드, 독일 북부, 스칸디나비아 국가의 경우에는 영어를 많이 쓰지만 남부 유럽의 경우 영어가 전혀 통하지 않기도 한다.

세 번째, 화장실이 유료라는 점이다. 영국은 그래도 기차역 같은 공공시설은 무료로 화장실을 이용할 수 있었지만 유럽은 아니었다. 벨기에 브뤼셀역 화장실 앞의 커다란 바리케이드를 통과하기 위해서는 지하철처럼 자판기에서 티켓을 끊어야 한다는 사실이 놀라웠다.

유럽 본토로 들어오자 다른 사람들과의 여행이 아닌 나 혼자만의 여행이라는 것이 실감났다. 그리고 나는 유럽연합의 본부가 있는 브뤼셀 골목에 들어서자마자 길을 제대로 잃고 말았다.

유럽의 대부분의 도시들은 거리 바닥이 포장되어 있지 않고 중세시대 때부터 썼던 벽돌로 이루어져 있다. 이는 매우 고풍스럽고 멋지지만 캐리어를 끌고 오는 여행객들이 이동하기에는 최악이다. 나는 다행히 배낭을 메고 있었다.

그런데 아까부터 나와 비슷한 골목에서 지도를 쳐다보며 두리번거리는 사람이 눈에 띄었다. 그는 12월인데도 땀을 뻘뻘 흘리고 있었다. 나처럼 브뤼셀역에서 내려 숙소를 찾고 있는 것이 분명했다. 말을 걸어보니 그 친구의 이름은 요헤이, 일본친구였다. 그의 숙소도 나와 같은 '슬립 웰'이다.

둘이 힘을 모아 숙소를 찾아보기로 했다. 하지만 유럽에 처음 온 길치 두 명이 모인다고 해서 시너지 효과가 나지는 않았다. 분명히 아까 지나온 길 같은데. 우리는 마치 제갈량이 짜 놓은 팔괘진에 빠진 사마의처럼 미로에 빠진 듯 브뤼셀 구시가지를 뱅글뱅글 돌기 시작했다. 아까 본 벨기에 할머니들을 다시 만나 길을 물으며 데자뷔를 느꼈고 정신은 점점 혼미해졌다.

크리스마스 무렵 북위 50도의 해는 그렇게 길지 않았다. 오전에 도착했지만 어깨를 조여 오는 무거운 배낭과 덜컹거리는 캐리어를 몇 시간씩 끌고 다니던 두 초보 여행객은 세 번 정도 지나쳤던 이름 모를 광장에 걸터앉아 초콜릿빛 어둠을 바라보았다. 마음도 점점 어두워져 가는 그때, 어둠 속에서 노란색 간판이 켜진다. 슬립 웰!

그저 기차역에서 숙소만 찾으면 되는 일이었는데, 나의 첫 유럽은 이렇게나 혹독했다. 허름한 숙소 하나 찾느라 반나절이나 고생한 우리는 정작 식당은 아무 곳이나 들어갔다. 이유는 단 하나, 음식을 시키면 시원한 맥주를 공짜로 준다는 호객꾼의 말 한마디였다.

나는 별 고민 없이 새우요리를 시켰고 요헤이는 신중에 신중을 거쳐 에스카르고를 시켰다. 새우요리는 크릴새우보다 조금 큰 새우 세 마리가 들어가 있었고, 요헤이는 "오이시, 오이시!"하면서 하나도 먹지 않았다.

식사를 마친 후 보니 돈이 부족하다. 나는 우선 요헤이에게 계산을 부탁했다. 우리는 다시 유로를 인출하러 ATM기를 찾아야 했다. 피곤한 몸에 배고픔과 약간의 취기를 걸치고 터벅터벅 걸어 도착한 시청 광장은 불꽃놀이를 하며 크리

브뤼셀 시청 광장의 크리스마스 트리

스마스 분위기가 가득하다.

혹시 ATM기가 있을까 하고 들어간 푸르스름하고 멋진 건물은 알고 보니 유럽연합본부였다. 그곳에서 무사히 유로를 인출하여 요헤이에게 줬다.

숙소로 돌아가는 길에 또 호객꾼에게 걸려 와플 아이스크림을 바들바들 떨며 먹었다. 사실 벨기에가 와플이 유명하다는 사실도, 오줌싸개 동상이 유명하지만 막상 보면 초라하다는 사실도 브뤼셀을 떠나고 한참 후에야 알게 되었다.

나에게 브뤼셀은 요헤이와 함께 길을 잃었던 골목길, 어둠 속에서 오아시스처럼 반갑게 빛났던 노란 간판, 그리고 시청 광장의 크리스마스 트리와 푸르스름한 유럽연합 건물로 기억된다.

안트베르펜는 원래 계획에 없던 곳이었다. 브뤼셀역에서 네덜란드 암스테르담으로 가는 기차 안, 나는 유레일패스를 가지고 있었기 때문에 마음 편히 기차 좌석에 앉아 있었다. 하지만 유레일패스 소지자라도 기차를 타기 전 역에서 미리 티켓을 개시하지 않으면 무임승차로 간주된다는 사실이 떠올랐다.

무임승차로 벌금을 내지 않을까 걱정이 되었던 나는 바로 다음 역에서 그냥 내렸다. 그곳은 안트베르펜, 영어로는 앤트워프라는 곳이었다. 그곳을 둘러보며 다음 암스테르담행

열차를 기다렸다.

  한적한 안트베르펜 길가를 걷던 나는 일본인 두 명을 발견했다. "안트베르펜에는 무엇을 보러 왔냐?"라고 물으니 그 일본 친구들은 애니메이션 〈플란다스 개〉의 배경이 이곳 안트베르펜이라고 한다. 그렇게 나는 얼떨결에 네로와 파트라슈의 추억이 남아 있는 안트베르펜을 플란다스의 개 덕후 두 명과 함께 시간을 보내다가 열차를 탔다.

  저녁에 도착한 암스테르담에서도 역시나 길을 잃었다. 숙소는 역과 워낙 가까운 곳이었기 때문에 비교적 빠르게 찾을 수 있었지만, 문제는 식당이었다. 숙소 옆에 있는 아무 식당이나 갔으면 좋았을 것을, 나는 굳이 '론리플래닛'에 나온 별 다섯 개짜리 인도네시아 음식점을 찾으러 나섰다.

  종이지도로는 그곳이 얼마나 먼 곳인지 감이 안 잡혔고, 숙소를 빠르게 찾은 것에 대한 자신감도 있었던 나는 어둠이 깔린 암스테르담 운하로 걸어갔다. 암스테르담까지 와서 굳이 왜 인도네시아 음식을 먹으려 했을까? 숙소 바로 옆에 인도식당도 있었고, 맥도날드도 있었고, 흔하디 흔한 중국음식점도 있었는데 말이다!

  꼬불꼬불하면서 몽환적인 암스테르담은 올바른 길을 가르쳐 주지 않았다. 나는 완전히 길을 잃어버렸다. 숙소에서 너무 멀리 왔다. 여기는 마약과 환락의 도시, 암스테르담이

암스테르담 운하에 비친 노을과 자전거

다. 잠시 호흡을 가다듬고 아직 어렴풋하게 남아 있는 운하에 비친 노을과 그 옆에 세워진 자전거를 바라보았다.

그 순간 운하와 노을, 자전거의 모습이 너무 예뻤다. 나는 '과연 내일 아침까지 숙소에 돌아갈 수 있을까?'라는 두려움에 휩싸여 있었지만 이 황홀한 장면을 마음에 담아두고 싶었다. 그래서 그 순간을 사진으로 남겼고 지금도 사진을 보면 그때의 감정이 떠오른다.

다음으로는 독일에 있는 쾰른 대성당을 보러 쾰른으로 갔다. 쾰른 대성당 주변은 모든 시설이 빼곡하게 위치하고 있어서 나같은 길치도 쉽게 길을 찾을 수 있었다. 역에서 5분도 안 걸리는 숙소에 체크인하고 숙소 옆에 딸려 있는 식당에서 싸구려 소시지를 먹은 후에 쾰른 대성당의 웅대한 자태를 감상했다.

뭔가 허전하다. 술이 한잔 생각난다. 그냥 펍에 들어가서 맥주나 마실 것이지, 나는 또 한 번 가이드북에서 무언가를 발견했다. 바로 재즈바! 캐나다 유학 시절 재즈를 처음 접했고, 영화 〈터미널〉과 재즈 뮤지션 듀크 조던을 좋아하면서 재즈에 푹 빠져 있었다. 그런데 왜 하필 그 재즈바를 쾰른에서 가려고 했을까? 이쯤이면 정말 일부러 길을 잃으려 작정한 사람인 것 같다.

재즈바는 쾰른 대성당 주변이 아니라 북쪽 주거지역에 있었다. 지도상으로 꽤 멀어 보였지만 아직 해가 지지 않았고, 무엇보다 그 순간 재즈를 직접 듣고 싶었다. 귓가에는 이어 폰을 통해 재즈가 흘러 들어왔고 이미 뉴올리언즈의 그루브 는 온몸으로 퍼져 나갔다. 그렇게 재즈에 취해 한 시간쯤 걸 으며 도착한 재즈바는 공구점으로 바뀌어 있었다.

아직도 나는 쾰른 대성당의 사진을 보면 듀크 조던의 'Everything happens me'를 들으며 재즈바를 향해 스텝을 밟으며 걷던 23살의 내 모습이 떠오른다.

다섯 번째 여행이 부르는 노래: Everything happens to me♪ ~ Duke Jordan ♪

06

저기 혹시 환전하셨나요?

23살, 독일 뮌헨과 체코 프라하의 기억

  '분명 뮌헨에서 환전을 하지 말라고 했어! 아닌가? 여기에서 환전을 하라고 했었나?' 초보 여행자의 머릿속은 유럽여행 포인트별 여러 지침들로 마구 뒤섞였다. 체코 프라하로 출발하는 기차 시간은 점점 다가오고 초조해진 나는 크리스마스를 이틀 남긴 2006년 12월 23일, 뮌헨 중앙역에서 100유로를 체코 코루나로 환전을 하고야 만다.

  야간열차를 타고 12월 24일 새벽 프라하역에 도착했다. 그리고 길거리에 즐비한 환전소와 거기에 써 있는 숫자를 본 후 어제 나의 선택이 실수였다는 사실을 깨달았다. 프라하에서는 100유로당 2,800~2,900코루나의 환율로 환전을 해 주고 있었고, 내가 어제 뮌헨에서 환전한 환율은 2,200코루나였다.

긴 고민 끝에 내린 결정이 완전히 오판이라는 사실과 당시 가난한 여행자에게 그 돈은 꽤 가슴 아프게 다가왔다. 그리고 가장 신경 쓰였던 것은 나 빼고 아무도 뮌헨에서 환전을 안 했다는 사실이었다. 사실 유랑에는 이렇게 써 있었다. "뮌헨 중앙역의 환율이 좋지 않으니 환전을 해야 한다면 10유로 정도의 소액만 하세요."

어떤 실수를 하면 그게 나만의 잘못이 아니란 것을 확인하고 싶은 마음이 들곤 한다. 그래서 길에서 만나는 사람마다 물었다. "혹시 환전하셨나요?" 프라하역에 내리자마자 마주친 한국 남자에게 물었다. "아.. 아니요." 처음 보는 사람이 대뜸 환전했냐고 물으니 그도 꽤나 황당했겠지. 바츨라프 광장까지 걷는 내내 2,000코루나 후반대의 환율이 적힌 전광판이 마음을 아프게 했고, 결국 나는 외국인에게까지 물어봤다. "혹시 환전하셨나요?"

크리스마스 파티 약속 장소인 바츨라프 광장 기마상 근처 숙소에 체크인했다. 코루나를 내려고 하니 숙박비는 유로만 받는단다. 나는 얼떨결에 2,000코루나를 유로로 계산하고 잔돈을 코루나로 받는다. 그렇게 나는 3,000코루나를 얻게 되었다.

카를교 근처를 걸으며 프라하성 야경을 찍다가 약속 시간에 맞춰 바츨라프 광장 기마상 근처로 갔다. 30명 정도의 사람들이 모여 있었고 간단히 인사를 한 뒤 분위기 좋은 펍에 들어갔다. 나는 역시나 여기에서도 사람들에게 물었다. "여러분, 혹시 환전하셨나요?" 뮌헨역에서 환전을 한 사람은 나밖에 없었다.

프라하에서 가이드 하시는 분은 크리스마스 시즌에는 여는 상점이 거의 없어 돈 쓸 일이 없다며 100유로나 환전한 나를 안타까워하셨다. 거기다 체코는 서유럽에 비해 물가가 엄청나게 싸다. 이러한 상황에서 무려 3,000코루나를 갖고 있던 나는 어쩔 수 없이 아직 환전을 하지 않은 사람들에게 프라하에 있는 어느 환전소보다 좋은 환율로 재환전을 해 주었다. 그렇게 나는 프라하의 '한국인 코루나 환전상'이 된다.

모임의 규모가 꽤 크다 보니 5~6명씩 앉아서 이야기를 나누었다. 그중 아까부터 계속 눈에 띄는 사람이 있다. 언변이 좋고 활발한 이 남자는 아까부터 계속 오스트리아 알프스 스키장에 같이 가자고 한다. 그리고 보니 프라하역에서 만나자마자 내가 환전했냐고 물어봤던 남자도 여기 있었다. 영국에서 워킹홀리데이를 하다가 마무리하면서 유럽여행을 하고 있다는 여자, 그리고 대구에서 온 고등학교 때부터 친구인 두 여자, 여기에 나까지 여섯 명이 같은 테이블에 앉아서 점

크리스마스 파티 in 프라하

점 저 남자의 말도 안 되는 유혹에 빠져들고 있었다.

　체코 프라하의 지하 펍에서 만난 여섯 명은 오스트리아 바트가슈타인이라고 하는 시골마을로 스키 타러 가자는 잠정적인 약속을 했다. 한국에서도 아는 사람들끼리 '밥 한 번 먹자'는 약속도 결국은 그냥 지나가는 게 대부분인데, 유럽에서 처음 만난 사람들끼리, 그것도 술자리에서 농담처럼 한 약속이 설마 어떻게 되겠어?

　그때 나는 그 테이블에서 했던 즉흥적인 약속이 우리의 여행을 이렇게 다이나믹하게 만들지 참으로 몰랐다.

여섯 번째 여행이 부르는 노래: 첫 느낌 ♪ ~ Vasco ♫

07

유럽에서 막살기의 탄생

23살, 체코 프라하와 오스트리아 빈의 기억

아, 돈 쓸 곳이 진짜 없다! 프라하 현지 가이드분의 말처럼 역시나 크리스마스 시즌 프라하는 한산했고, 문을 연 상점이나 식당은 찾기 어려웠다. 그렇게 열심히 재환전을 해 주었지만 지갑 속 코루나는 여전히 두둑했다. 거기다 체코 물가는 정말 물처럼 쌌다. 프라하역에서 만나고 크리스마스 파티 때 다시 만난 J형과 맥주와 꼴레뇨를 배 터지게 먹었는데도 만 원이면 충분했다.

비가 추적추적 내리는 크리스마스 다음 날 드보르작, 스메타나 같은 체코 출신 음악가들의 무덤가를 돌아다니는 것으로 여행을 우울하게 만들고 싶진 않았다. 그때 J형이 나에게 묻는다. "혹시 오늘 같이 빈에 갈래요?"

원래는 프라하에 하루 더 있다가 오스트리아 잘츠부르크로 갈 계획이었다. 미리 기차표 좌석을 예약한 상태였기 때문에 이걸 취소하고 빈에 가면 금전적인 손해가 생긴다.

"빈에 가면 뭐가 있는데요?", "어제 같은 테이블에서 스키장 이야기하던 네 사람이 빈에 같이 가서 방을 잡아 두었대요. 방도 두 개 있으니까 이석 씨도 같이 가면 좋을 것 같아요." 그렇게 체코 프라하 일정과 잘츠부르크행 기차표를 취소하고 오스트리아 빈으로 향했다.

지갑 속 두둑한 코루나가 떠오른다. 3일 동안 재환전해 준 것 빼고는 거의 쓰지 못했기 때문에 꽤 많다. J형은 남은 코루나를 샌드위치와 음료수로 잔돈까지 모두 클리어했다. 액수가 많은 나는 골똘히 생각한 끝에 서유럽보다 절반 이상 저렴한 담배를 사기로 했다. 나의 45L짜리 트래블메이트 배낭을 말보로 레드로 가득 채웠다.

이제 프라하에서 빈까지 가는 티켓만 구매하면 된다. 유레일패스를 갖고 있어서 좌석만 예약하는 건 큰 비용이 들지 않는다. 50유로를 프라하역 직원에게 내며 잔돈은 유로로 바꿔 달라고 말했다. 하지만 그 직원은 정말 무심하게도 잔돈을 전부 코루나로 돌려주었다.

나는 다시 한 번 유로로 바꿔 달라고 사정했지만, 영어를 못하는지 못하는 척하는 건지 그 직원은 체코 말로 뭐라고 쏘아붙이며 넥스트를 외쳤다. 나에게는 또다시 1,000코루나가 생겼고 배낭은 또다시 말보로 레드로 터질 듯이 채워졌다.

빈에 도착하니 프라하에서 만났던 그 네 명이 역까지 마중나와 있었다. 여기서 멤버들을 소개하겠다. 나와 함께 프라하에서 온 J형은 대학원을 졸업하는 동시에 바로 대기업 취업을 했고, 본격적으로 바빠지기 전 마지막 여유를 즐기기 위해 유럽에 왔다고 한다. 우리 중 가장 나이가 많고 침착해서 리더 역할을 한다.

활발하고 말을 잘하는 S형은 안 해 본 게 없는 사람이다. 서울 출신이지만 그냥 아무 이유 없이 부산에 가서 일을 해봤단다. 그래서 우리를 이곳, 그리고 알프스 시골마을로 이끌었을까? 특히 이 형은 길눈이 정말 밝아서 베네치아 산타루치아역에서 지도 한 장으로 광장까지 한 번에 우리를 인도했다.

K누나는 일본에서 1년, 영국에서 1년의 워킹홀리데이를 마치고 한국으로 돌아가기 전 아쉬움을 달래기 위해 유럽여행을 왔다고 한다. 우리 중 가장 영어를 잘해서 통역관 역할을 담당한다.

나보다 한 살 어린 A와 H는 중학교 때부터 대학교까지 같은 학교를 다닌 대구 토박이다. A는 추진력이 좋고 계획적이라서 그녀의 계획대로만 움직이면 맛집이든 박물관이든 실패하는 일이 없다. 사실 우리가 이렇게 만나게 된 계기도 A가 유랑에 "프라하에서 크리스마스 보내시는 분"이라는 글을 올렸기 때문이다. 자기주장이 다소 강하지만 워낙 다 맞는 말이라서 다들 수긍하는 편이다.

H는 조용하고 자기주장이 약한 것처럼 보이지만 여행 중 중요한 부분에서는 굉장히 강한 의욕을 보여 준다. 바로 먹는 것! 모두들 돈이 아까워 목이 메면서도 피자만 먹지만, 그녀는 혼자 2유로가 넘는 콜라를 사 마신다. 특히 맥도날드 빅맥을 매우 좋아한다.

이제 막 군대를 제대한 나는 캐나다 유학 경험이 있어서 스마트할 것 같지만 사실 매우 허당이며 손이 많이 가는 타입이다. 정작 본인이 의도하지 않은 엉뚱한 실수와 행동으로 즐거움을 준다.

우리는 A의 계획에 따라 움직였다. 빈의 랜드마크 슈테판 대성당에서 첫 단체 사진을 남겼고 스와로브스키 전시장에서 인스타 '갬성샷'도 찍었다. 오스트리아 대표 음식 슈니첼은 매우 짜고 얇지만 비싼 돈가스로 기억에 남았다.

"그래도 빈에 왔는데 오페라 하우스에 가서 오페라 한 편은 봐야지!" 빈의 또 다른 랜드마크인 오페라 하우스에서 이름도 기억나지 않는 오페라 공연티켓을 입석으로 끊었다. 어느새 공연장 좌석은 전부 가득 찼고 입석 자리도 곧 매진되었다.

무슨 오페라인 줄도 모르고 자리도 너무 답답했던 우리는 그 티켓을 팔기로 했다. 로비 중앙에 서서 "티켓! 티켓!"을 외쳤다. 할머니 두 분이 오셔서 우리가 구매한 가격의 두 배의 돈을 내미셨다. 우리는 한사코 거절했지만 할머니 두 분은 "It's my pleasure."란 말을 남기고 우리 손에 지폐를 쉬어 주셨다. 우리는 얼떨결에 오페라 하우스에서 약간이지만 돈을 벌게 되었다.

여행 중 한국 음식이 많이 생각나지만 제대로 된 한국 식당은 드물기 때문에 차선책으로 찾는 음식이 바로 중국 음식이다. 우리는 숙소 근처에 있는 중국 음식점에서 테이크아웃으로 저녁식사 겸 안주를 잔뜩 사서 숙소로 들어왔다. 제대로 놀 줄 아는 S형은 이미 종류별로 술을 준비해서 냉장고를 가득 채워 놓았다. 당연히 한국의 대표 술, 소주도 있다.

한잔 두잔 많은 이야기를 나누며 우리는 조금씩 친해졌다. 점점 술이 오르자 여기가 오스트리아 빈인지 엠티의 메카 강촌인지 헷갈리기 시작했다. 우리의 모습은 마치 매우 친밀한 동아리 엠티 같았다. 술이 다 떨어지자 나와 H는 30분 거리에 있는 리커하우스에서 발렌타인 한 병을 사 왔다. 그리고 그 발렌타인을 따르고 마시고, 마시고, 마시다 보니….

티켓을 팔았던 오페라 하우스

강촌 같았던 빈과 발렌타인

눈을 떠 보니 나는 바닥에 널브러져 있었다. 속은 매우 쓰리고 시큼하면서 불쾌한 냄새가 진동했다. 아 싸늘하다. 비수가 가슴에 꽂힌다. 그때 어젯밤까지도 나에게 꼬박꼬박 이석 씨라며 존댓말을 하던 J형이 화난 목소리로 소리친다. "야, 강이석! 너 어제 아주 진상이더라. 내 침낭에다 다 토해 놓고. 그 침낭 아끼던 건데 빨다가 그냥 버렸다. 너 이제 아주 인생 막살아도 뇌셌다?" 옆에서 S형은 한심하다는 듯 나를 쳐다보고 있고, 대구 가시나들은 킄킄거리며 웃는다. 숙취가 심한 K누나는 아직도 자는 중이다.

우리는 이렇게 '유럽에서 막살기'가 되었다.

일곱 번째 여행이 부르는 노래: 춘천 가는 기차 ♪ 김현철 ♬

08

알프스에서 인생 첫 스키를 타는 사람들

23살, 오스트리아 빈·바트가슈타인의 기억

전날의 숙취가 절어있는 몸으로 트램을 탔다. 어젯밤의 민폐로 나는 만만한 동네 바보 동생, 바보 오빠의 이미지로 각인되었다. 하지만 그 덕분에 우리는 한결 친해졌다. 오늘은 미술관에서 유명한 그림을 본다고 한다.

애초에 빈은 여행 일정에 없었기 때문에 이곳이 어디인지조차 몰랐는데, 나중에 알고 보니 벨베데레궁전이라고 빈에 오면 꼭 들러야 한다는 미술관이란다. 거기서 클림트의 〈키스〉를 봤다. 과하게 화려하지만 촌스럽지는 않은 세련된 황금빛에 넋을 잃었다. 동시에 마음이 한 사람을 향해 조금씩 설레기 시작했다.

이제 스키장이 있는 알프스 바트가슈타인으로 가야 할 시간. 우리가 각자의 일정을 바꾸고 기차표를 취소하면서까지 여기에 온 이유는 순전히 S형의 "알프스의 스키장에 가자!"는 발언 때문이었다. 문제는 우리 여섯 전부 스키를 전혀 못 탄다는 점이다.

한국에서조차 한 번도 스키장에 가 보지 못한 여섯 명이 알프스의 스키장을 간다니. 지금 생각해 보면 정말 어처구니없는 일이 아닐 수 없다. 저렴한 가격에 알프스에서 스키를 탈 수 있다는 S형의 유혹과 이번 기회에 보드를 한번 배워 보자는 J형의 차분한 설득에 우리는 바트가슈타인으로 가는 기차에 올랐다.

기차를 타기 직전 대형 마켓에 들렀다. 지금은 탄산수를 자주 마시지만 그때는 탄산수의 찝찔하고 씁쓸한 그 맛이 너무 싫었다. 특히 미지근해진 탄산수는 정말 별로였다. 하지만 오스트리아에서는 일반 물보다 탄산수를 훨씬 더 많이 팔았고, 라벨이 전부 독일어로 써 있어서 무엇이 탄산수인지 구별하기 힘들었다. 그때 나에게 좋은 생각이 떠올랐다. 물통을 세게 흔들어서 기포가 생기면 탄산수고, 아니면 그냥 물일 거라는 단순하지만 확실한 방법이었다.

이렇게 물통을 하나씩 흔들면서 탄산수를 구별하고 있을 때 한국인 가족 여행객들이 다가왔다. 그분들도 일반 물을 찾고 있다면서 나에게 조언을 구했다. 나는 여러 번의 실험 끝에 일반 물로 결론지은 제품을 권했다. 그분들은 고마워하면서 그 제품을 다섯 통이나 구매했고 우리도 각자 한 통씩 사서 기차에 올랐다. 기차가 출발하고 터널을 두 개쯤 지났을 무렵 목이 말라서 물통의 뚜껑을 열었는데, "치~~익!!"

강렬한 탄산 소리에 우리가 타고 있는 기차 쿠셰트에서 잠깐의 적막 후 어이없는 웃음이 터져 나왔다. 신중하게 골라서 다른 사람들에게 추천까지 한 나는 탄산수를 다섯 통이나 사간 한국 가족에게 미안했다.

유럽 기차여행의 장점은 유레일패스로 유럽 곳곳을 자유롭게 돌아다닐 수 있다는 것과 파노라마 같은 차창 밖의 시시각각 변하는 장면을 생생하게 느낄 수 있는 것이다. 우리는 쿠셰트에서 음악을 들으며 알프스의 아름다운 풍경을 감상했다.

빈에서 세 시간 걸쳐 도착한 바트가슈타인은 스키장을 중심으로 형성된 작은 마을이다. 게스트하우스에 체크인한 후 근처 '유로패스트푸드'라는 캐주얼 식당에 들어갔다. 여행의 소소한 기쁨 중 하나는 우연히 맛집을 발견하는 데 있다. 우연히 들어간 식당에서 최고의 케밥과 매력적인 사장님을 만났다. 우리의 짧은 독일어 "구텐탁"에 그는 정감 어린 "비테 쇤!"으로 응대해 주었다.

여행을 하다 보면 언어가 통하지 않더라도 마음이 통하는 경우가 종종 있다. 영어는 전혀 할 줄 모르는 터키계 오스트리아인과 독일어는 구텐탁과 비테쇤밖에 모르는 한국인들은 서로 마음이 통했고, 결국 우리는 바트가슈타인에 있는 동안 모든 식사를 유로패스트푸드에서 해결했다.

스키장에 왔으나 우리는 정말 한국에서조차 한 번도 스키를 타본 적이 없었다. 그런 사람들이 알프스에서 스키를 탄다니! 무식하면 용감하다고 일단 리프트를 타고 스키장 정상에 올라왔지만 알프스의 가파른 경사가 아득한 절벽같이 느껴졌다.

스키장에 가장 적극적이었던 S형과 이 기회에 스키를 배우고 싶었던 J형은 운동신경이 좋은 건지 겁이 없는 건지 망설임 없이 까마득한 눈밭 아래로 내려갔다. 그러나 겁 많고 운동신경은 없는 나와 나머지 세 명은 리프트에서 내리자마자 마구 넘어지기 시작했다. 처음에는 서로의 넘어지는 모습에 웃음이 가득했는데, 10m도 안 되어 10번도 넘게 넘어지는 모습을 보니 '도대체 왜 알프스까지 와서 스키장에 왔을까?'라는 의문이 들었다.

금발에 파란 눈을 가진 7살 오스트리아 꼬마들은 '저 동양인들은 왜 저렇게 넘어지지?'라는 한심한 눈빛으로 우리를 바라보며 스키를 타고 쌩 지나간다. 계속 넘어져도 전혀 진

유로패스트푸드의 비테쉰 아저씨

전이 없자 그냥 리프트를 타고 아래로 내려가려고 했지만 경사가 가팔라 그것도 불가능했다. 어쩔 수 없이 우리는 스키를 분리해 양손에 들고 터벅터벅 걸어 내려갔다.

알프스 스키장까지 와서 눈밭에서 등산을 하다니! 스키슈즈는 무거웠고 발은 시리고 아팠다. 여기서 이러고 있는 게 참 웃기면서도 슬펐다. 엎친 데 덮친 격으로 A는 다리를 삐끗해서 더 이상 등산조차 할 수 없었다. 우리는 히말라야에 조난된 것처럼 처절하게 구조를 요청했고 얼마 지나지 않아서 스키장 안전 요원이 도착했다. 다리를 다친 A와 그녀를 부축할 K누나가 스키 썰매를 타고 아래로 내려갔고 나와 H 둘이서 한 시간이 넘게 추운 눈밭을 내려왔다. 발은 아프고 시렸지만 마음만은 따뜻했다.

바트가슈타인을 떠나는 날, 마지막 식사를 하러 유로패스트푸드로 향했다. 우리가 떠난다고 하자 아저씨는 아쉬워하면서 식사 비용을 받지 않으려고 하셨다. 우리가 한사코 거절하니까 그 대신 작은 위스키 한 병씩을 선물로 주셨다. 우리는 유로패스트푸드에서 바트가슈타인에서의 마지막 기념사진을 남겼다.

아저씨의 "비테쇤!" 꼭 다시 한 번 듣고 싶다.

여덟 번째 여행이 부르는 노래: White love ♪ ~ 터보 ♬

09

밀라노에 간 단 한 가지 이유

23살, 이탈리아 베네치아·밀라노의 기억

"또 취소하게? 이번이 두 번째 아닌가?" 또다시 유레일패스 예약 좌석을 취소했다. 처음에는 프라하에서 잘츠부르크, 두 번째는 빈에서 베네치아로 가는 야간열차. 이건 심지어 비싸다. 내가 이렇게 여행의 일정을 바꾸면서까지 기차표를 취소하는 이유는 프라하에서 바트가슈타인까지 함께 여행을 한 유럽에서 막살기 멤버들 때문이다.

사실 여행의 일정을 바꾼 사람은 나뿐만이 아니었다. K누나도 원래 프라하에서 부다페스트를 가려고 했지만 포기했고, A와 H도 S형의 스키장 유혹에 넘어가서 일정을 변경했다. J형도 마찬가지. 유럽에서 우연히 만난 우리는 서로에게

끌렸고 첫 유럽여행의 일정을 여러 번 바꾸면서까지 함께 있고 싶어 했다. 그중에서도 내가 일정을 바꾼 가장 큰 이유는 바로 H였다.

그녀는 처음 프라하에서 만났을 때부터 눈에 띄었다. 말은 별로 없지만 살며시 웃는 모습이 좋았고 동그란 얼굴에 조그만 보조개가 예뻤다. 거기다가 귀여운 대구 사투리까지. 사실 J형이 빈에 가자고 했을 때 잘츠부르크를 포기할 수 있었던 이유는 바로 그녀였다. 빈에서 엠티 온 것처럼 놀았던 그날 밤, H와 같이 발렌타인을 사러 가는 발걸음은 떨렸고 유명한 클림트 그림을 보면서도 그림보다는 그녀를 바라보는 게 더 좋았다.

너무 가까이 다가가면 티가 날까 일부러 멀찌감치 떨어져 바라봐도 왠지 모르게 웃음이 났다. 태어나서 처음 간 알프스의 스키장에서 눈밭을 뒹굴며 넘어져도, 스키를 벗고 추운 발로 터벅터벅 한 시간 넘게 걸어갈 때도 마음만은 따뜻했던 이유도 바로 H다. 그렇게 나는 체코 프라하, 오스트리아 빈, 바트가슈타인을 거쳐 이탈리아 베네치아까지 그녀와 함께 여행하는 중이다.

베네치아의 겨울은 우중충하고 스산했지만 함께였던 우리의 마음은 따뜻했다. 산호섬 베네치아의 좁고 꼬불꼬불한 골목은 다른 유럽의 거리와는 다른 이색적인 풍경이었다. 그

골목 사이의 수로로 잘생긴 이탈리아 청년들이 힘차게 노를 젓는 곤돌라가 지나간다. 이 멋진 베네치아에서 H와 함께 사진을 찍고 싶었지만 왠지 좋아하는 티가 날까 봐 사진을 찍어 주었다. 그리고는 H 사진을 보고 얼굴이 왜 이렇게 빨갛고 동그랗냐며, 초등학생이 좋아하는 여자아이한테 하듯이 놀렸다.

베네치아 산타루치아역에서 산마르코 광장까지 가는 길은 복잡하기로 악명이 높다. 다행히 우리에게는 어떤 길도 종이지도 하나로 찾을 수 있는 탁월한 네비게이션 S형이 있다. 형 뒤를 쫓아가다 보니 어느덧 드넓은 산마르코 광장이 나타났다. 광장에서 비둘기 떼와 함께 사진을 몇 장 더 찍고 카사노바가 마지막으로 탄식하며 걸어갔다는 탄식의 다리로 갔다. 유럽의 다른 명소가 그렇듯 역시 이곳도 별거 없는 초라한 모습이라 탄식이 절로 나왔다.

숙소는 베네치아 본섬에서 5km 떨어진 메스트레에 잡았다. 베네치아 본섬은 항상 관광객으로 붐비지만 현지인이 거주하는 메스트레는 한적한 편이다. 우리가 베네치아 본섬이 아닌 메스트레에 숙소를 예약한 이유도 바로 이 때문이다. 어느새 우리는 여행자의 낭만을 느끼기보다는 함께 밤새 떠들고 이야기할 수 있는 멤버들을 위한 선택을 하고 있었다. 그리고 이제 오늘 밤이 지나면 나는 이 사람들과 이별해야 한다. 물론 H와도.

다음 날 아침 로마로 가는 기차를 타야 한다. 이미 로마로 가는 시간이 하루 지체되어 하루를 더 미루면 예약한 로마의 숙소를 2박이나 날리게 되고 기대하던 바티칸투어도 놓치고 만다. 새벽에 스페인으로 떠나는 S형과 나를 제외한 네 명은 밀라노를 거쳐 스위스로 가는 일정이다.

어쩌면 마지막이 될 수도 있는 이 밤을 우리들의 강촌, 빈에서처럼 둘러 앉아 중국 음식과 소주, 빠질 수 없는 발렌타인과 함께 보냈다. 새벽까지 함께 시간을 보내다가 하나둘 잠이 들었고 나는 고민 끝에 세 번째로 티켓을 취소하기로 결심했다.

변경된 일정은 이렇다. 예정되어 있던 로마로 가지 않고 나머지 멤버와 함께 밀라노로 간다. 그리고 취리히행 기차가 도착하기 전 단 4시간 동안 밀라노를 함께 여행한다. 배웅을 끝내고 다시 베네치아로 돌아와 야간열차를 타고 로마로 간다. 다들 미쳤다고 했지만 나는 H와 잠시라도 함께 있고 싶었다.

베네치아에서 밀라노까지는 3시간, 짧지 않은 거리다. 거기다가 기차 안은 마치 출퇴근 시간 신도림에서 강남까지 가는 2호선 '지옥철' 같았다. 이렇게 사람들이 가득 차 있는 곳에도 식음료를 파는 카트가 들어오고 있었다. 우리는 "오!

노!"라고 소리쳤지만 거침없이 사람들을 비집고 들어오는 카트와 그 와중에 그걸 또 사 먹는 사람들. 역시 이탈리안답다.

밀라노역에 도착한 후 바로 취리히로 가는 기차를 예매하기 위해 줄을 섰지만 티켓 창구의 줄이 엄청나게 길었다. 여러 개의 창구 중 단 2명의 직원만 티켓을 팔고 있었다. 하지만 둘은 잡담을 하고 있었고, 그중 한 명의 애인이 찾아와 뜨거운 키스를 하기도 하는 등 너무도 자유롭게 일을 하고 있었다. 뱀처럼 길게 줄을 서 있는 사람들이 크게 불평을 해도 아랑곳하지 않는다. 역시나 이탈리안! 덕분에 표를 사는 데 무려 세 시간을 허비했다. 그 유명한 두오모, AC밀란 홈구장인 산시로도 못 보고 밀라노를 떠나게 생겼다. 그래도 뭐 괜찮다. 내가 밀라노에 온 이유는 단 한 가지니까.

이제 기차가 출발할 시간까지 한 시간 정도 남았다. 우리는 역에 있는 맥도날드로 가서 빅맥 다섯 개를 시켰다. 결국 우리가 밀라노에 와서 한 것이라고는 기차역에서 티켓을 산 것과 맥도날드에서 빅맥을 먹은 것뿐이다.

이제는 정말 헤어져야 할 시간이다. 눈물이 날 것 같았다. 이대로 헤어지기는 너무 아쉬워서 3일 후에 피렌체에서 다시 만나자고 했다. 그렇게 서로의 메일 주소도, 전화번호도 모른 채 3일 후 12시에 피렌체 우피치 미술관 매표소 앞에서 만나자는 약속만 하고 헤어졌다.

밀라노에서 베네치아로 돌아오는 기차 안 내 머릿속은 온통 H, 그녀에 대한 생각뿐이다. 일주일 넘게 멤버들과 함께 북적거리다가 혼자가 되니까 외로움이 스멀스멀 밀려왔다. 메스트레역에 도착해서 우리가 마지막으로 식사를 했던 중국 음식점에 다시 들렀다. 그리고 그녀가 했던 말, 웃음소리, 그녀의 흔적을 찾으며 그리워했다. 메스트레에서 로마로 가는 야간기차 안, 그토록 기다리고 바라던 로마로 향하는 기분이 기쁘기는커녕 그렇게 슬플 수가 없었다.

아홉 번째 여행이 부르는 노래: H에게 - 015B ♪

10

Love story in Italy

23살부터 24살까지, 이탈리아 로마·피렌체의 기억

　예정보다 이틀이나 늦은 12월 마지막 날 새벽, 로마 테르
미니역에 도착했다. 로마 숙소는 여행 중 처음 간 한인민박
이었다. 사장님께 여행 도중 일이 생겨 열차를 여러 번 취소
하는 바람에 늦었다고 사정을 말씀드렸더니, 사장님은 내가
안 오는 줄 알고 다른 사람을 재웠다며 오히려 미안해하셨
다. 그리고는 이틀 치 숙박비를 돌려주시며 따뜻한 아침밥을
차려주셨다.

　유럽여행을 하면 사기나 소매치기, 호텔이나 기차 관련 소
소한 다툼 때문에 상처를 받는 경우가 꽤 많다. 하지만 때로
는 지금처럼 따뜻한 배려와 온정을 느끼기도 한다. 사장님의

따뜻한 위로에 감사하며 오랜만에 먹는 한국 음식으로 몸과 마음의 허기를 달랬다.

민박에 묵고 있던 사람들이 2006년의 마지막 날이니 불꽃놀이를 보러 나가자고 한다. 2006년이 저물고 2007년이 다가오는 순간 시끌벅적 흥분되고 설레는 분위기에 모두 신나게 소리를 지르며 이 순간을 만끽하고 있다.

'지금까지 자의 반 타의 반으로 혼자 여행을 다녔는데, 유럽에서 막살기 멤버들 덕분에 금세 다른 사람들과도 어울릴 수 있구나.'라는 생각이 드는 순간, 문득 다시 유럽에서 막살기 멤버들과 H가 그리워진다. 지금은 어디쯤일까? 무슨 생각을 하고 있을까? 화려하게 터지는 축제 속에서 나는 다시 외딴섬이 되었다.

로마는 인구 700만의 대도시지만 대부분의 관광지가 포로 로마노 근처라 웬만한 곳은 도보로 갈 수 있다. 유럽에 온지 보름쯤 지나니까 자연스럽게 사진기를 잘 꺼내지 않는다. 조급하게 매 순간을 사진에 담으려 하지 않고 순간순간을 눈으로 보고 마음에 담으려 했다.

이제는 길도 잘 잃지 않는다. 여행이 익숙해지니 꼭 어딘가를 가야 한다는 생각에서 벗어나게 되었다. 그러다 보니 길을 잃을 일은 확연히 줄었고 혹여나 길을 잃더라도 그마저도 여행의 새로운 발견, 기쁨으로 받아들였다. 이렇게 이곳저곳을 헤매며 로마를 가슴에 담았다. 내일모레 바티칸투어 일정을 마친 후 야간열차를 타고 로마를 떠난다. 그리고 내일은 약속했던 바로 그날이다. 피렌체 우피치 미술관 12시.

　새벽까지 잠을 이루지 못했다. 과연 만날 수 있을까 하는 걱정과 다시 만나게 된다는 것에 대한 설렘이 미묘하게 교차하면서 밤새 가슴이 뛰었다. 12시에 만나기로 했지만 조금이라도 빨리 피렌체에 가고 싶어서 새벽부터 기차역으로 향했다. 그렇게 나는 첫차를 타고 피렌체 당일치기 여행을 떠났다.

　피렌체 SMN역에서 두오모를 향해 걸으며 피렌체의 공기, 분위기, 소리를 느꼈다. 그때 마침 아침 햇살에 반짝이는 유리 공예품이 눈에 들어왔다. 피렌체를 아기자기하게 담고 있는 예쁜 모습이 마치 그녀 같았다. 그녀를 위한 선물을 사니까 기분이 좋았다. 하지만 우피치 미술관에 도착했을 때 비로소 나는 알게 되었다. 우피치 미술관은 굉장히 크고 매표소가 네 군데나 있다는 사실을!

　아침인데도 불구하고 우피치 미술관에는 엄청나게 많은 사람들이 있었다. 이 많은 사람들 속에서 과연 우리가 같은 매표소에서 만날 수 있을까? 점점 불안해졌다.

　12시까지 사람이 가장 많은 미켈란젤로 다비드상 근처 매표소에서 기다렸다. 12시가 훌쩍 지나도 만날 수 없어 다른

미켈란젤로 언덕에서 바라본 피렌체

쪽 문으로 갔지만, 거기에서도 그들을 찾을 수 없었다. 그렇게 아르노강 주변을 몇 번씩이나 서성이며 기다렸고 3시쯤 되어서야 '우리가 못 만날 수도 있겠구나.'라는 생각이 들었다. 혹시나 싶어 두오모도 가 보고 강 건너 미켈란젤로 언덕도 가 봤다. 피렌체는 어디에나 사람이 너무 많았고 그 속에서 멤버들과 H는 찾을 수 없었다.

미켈란젤로 언덕의 노을이 점점 붉게 짙어질 때쯤 다시 우피치 미술관 매표소 쪽으로 갔지만 매표소는 닫혀 있었다. 이제 우리가 다시 만날 가능성은 완전히 사라졌다. 그곳에 한동안 앉아 있다가 해가 완전히 지고 어둠이 가득한 시간이 되어서야 로마로 가는 기차에 올랐다.

다음 날 바티칸으로 가는 발걸음은 무겁디 무겁다. 지금 나에게 도대체 바티칸이 무슨 소용이란 말인가! 아직도 어제 피렌체에서 H를 못 만났다는 사실이 실감이 나지 않는다. 도무지 투어에 집중할 자신이 없었다. 성 베드로 대성당에 입장하기 전 주의사항을 건성건성 들으며 인이어를 귀에 차려고 하는 순간, 귀에서 낯익은 대구 사투리가 들린다. "오빠, 웬일이야! 여기서 뭐해?"

H, 그리고 유럽에서 막살기 멤버들이다! 이럴 수가! 피렌체에서는 약속 시간과 장소를 정하고도 만나지 못했는데 이렇게 우연히 만나다니! 나는 주인을 몇 달 동안 보지 못한 강

아지처럼 꼬리를 힘차게 흔들며 반가워했다.

투어를 마치자마자 나는 테르미니역으로 가서 유레일패스 기차표를 네 번째로 취소했다. 취리히로 가는 야간열차 예약 금액을 또다시 이탈리아 국영철도회사에 헌납하는 대신 로마에서의 하루를 얻게 되었다. 잠시 떨어져 있던 3일 동안의 이야기를 하며 저녁을 먹었다. 내일은 내가 로마 여행선배로서 가이드 역할을 하기로 했다.

아침 일찍 스페인 광장에서 만나 트레비 분수에서 젤라토를 먹으며 동전을 뒤로 던졌다. 진실의 입에 손을 넣으며 화들짝 놀라는 포즈로 사진도 남겼다. 판테온에서 바닥에서 위로 찍는 사진도 남겼고, 포로 로마노에서는 우리들의 시그니처 포즈로 단체 사진을 남겼다.

그러다가 콜로세움에서 웨딩촬영을 하는 신혼부부의 화려한 모습과 매우 대조되는 우리의 여행자 행색을 보며 웃음이 터졌다. 복장이 거의 비슷했기 때문에 주변 배경만 바꾸고 인물만 순간이동해 사진을 찍은 것 같았다. 나의 AIG맨유 저지, J형의 갈색 점퍼, A의 빨간색 코트, K누나의 파란색 니트, 그리고 H의 하얀색 니트와 청바지. 이 모습을 프라하와 빈, 바트가슈타인, 베네치아, 밀라노를 거쳐 로마에서 다시 볼 수 있다는 게 정말 다행이다.

해 질 무렵 우연히 발견한 로마 시청의 전망 좋은 카페로

해 질 녘까지 서성였던 아르노강과 베키오 다리

멤버들을 안내했다. 카페에서 커피를 시킨 후 다른 멤버들이 잠시 자리를 비운 바로 그때, 나는 H에게 피렌체에서 샀던 유리 공예품을 선물했다. 내가 어색한 미소를 지으며 "피렌체에서 너 주려고 샀어. 다시 못 볼 줄 알았는데 이렇게 만나서 다행이다."라고 말하자 그녀도 수줍게 웃는다.

어느덧 해는 지고 이제 취리히로 떠날 시간. 내가 밀라노에서 그랬던 것처럼 멤버들은 테르미니역에서 나를 배웅했다. 이번에는 이메일 주소와 휴대폰 번호를 교환하며 한국에 가서 꼭 다시 만나자고 약속했다.

스위스와 프랑스를 거쳐 한 달 만에 런던으로 다시 돌아왔다. 배낭여행자가 많은 도미토리 숙소에서 런던을 처음으로 시작하는 여행자들에게 나는 유럽여행의 선배가 되었다. 각 나라의 특징과 주의해야 할 점, 국가별 기차의 특징, 소매치기를 피하는 방법, 길 찾는 방법 등을 알려주다가 딱 한 달 전 브뤼셀에서 하루 종일 길을 잃으며 헤맸던 나의 모습이 떠올라서 웃음이 터졌다.

초보 여행자들에게 로마 카페에서 찍은 사진들을 보여 주던 중 비슷한 여행 일정을 마치고 런던으로 돌아온 한 일본인이 자기도 이날 로마 시청의 카페에 갔다면서 사진을 보여주었다. 그때 사진을 보던 사람들이 한 장의 사진을 보며 외쳤다. "이거 너 아니야?" 그 사진은 바로 나와 H가 카페에서 서로 수줍게 마주 보며 웃고 있는 순간의 모습이었다.

열 번째 여행이 부르는 노래: The whole nine yards ♪ - Yoshimata Ryo ♫

로마 시청 카페에서 나와 H

11

내일모레 서른파티

24살부터 33살까지, 대한민국 그리고 유럽의 기억

유럽에서 막살기 멤버들은 무엇이 그리 급했는지 유럽에서 돌아와 고작 한 달 후에 다시 만났다. 우리를 알프스 스키장으로 인도했던 S형과 그 사이 보드를 마스터했다는 J형이 스키장 엠티를 제안했다. 다행히 한국 스키장에는 초보자 코스가 있어서 우리는 더 이상 스키장에서 등산을 하지 않아도 된다.

여행하다 만난 사이 아니랄까 봐 부루마블 게임을 하면서 세계를 여행했고, 소주에 삼겹살을 구워 먹으며 유럽을 이야기했다. 그리고 다들 약속이라도 한 것처럼 새벽 2시에 깨서 치킨을 시켜 먹었다. "유럽이었으면 상상도 못했을 일이다!"

라면서 한국의 배달문화를 칭찬한다. 이렇게 아직도 우리는 유럽에 있다.

우리는 그해 가을 남산에서 다시 만났다. 남산타워에 올라가 여행사 간판을 보자 우리는 다시 유럽을 떠올렸고, 포로 로마노에서 찍었던 시그니처 포즈로 사진을 찍었다. 남산을 내려와 장충동 족발을 먹으면서 이야기를 나누던 중 K누나가 J형에게 "우와! 오빠 이제 내일모레 서른이네!"라고 말했다. 그때 문득 나에게 기발한 아이디어 하나가 떠올랐다. "형이 진짜 내일모레 서른인 날, 그러니까 2007년 12월 30일에 만나서 내일모레 서른파티 하자!"

J형은 어이없어했지만 다들 호응하는 분위기다. 그렇게 우리는 매년 12월 30일에 내일모레 서른파티를 하면서 서로의 서른을 축하해 주기로 했고, 두 달 후 정말 내일모레 서른파티를 하게 되었다. 케이크에 초를 하나씩 하나씩 모두 30개를 꼽고 불을 붙이면 그 모습이 정말 예쁘다. 우리는 형의 서른을 진심으로 축하해 주었다.

그날 새벽 3시쯤 J형은 나에게 자신이 H와 사귀고 있다는 사실을 이야기했다. 형은 내가 H를 좋아하는 걸 처음부터 알고 있었다고 말했다. "너 티 정말 많이 났거든?" 조금 놀라긴 했지만 그렇게 마음 아프진 않았다. 오히려 H와는 유럽에서의 좋은 추억으로 남게 되어 다행이라고 생각했다.

우리는 매번 멤버들이 내일모레 서른이 될 때 파티를 해 주었다. J형의 첫 파티가 있고 나서 3년 후 S형의 내일모레 서른파티는 독일 분위기가 물씬 풍기는 '호프브로이'에서 했다. 처음 만난 지 4년이 지났지만 우리는 옆에 앉아 있는 서로를 다시 유럽으로 보내 주었다.

마치 유럽을 여행하듯 광장시장에서 길거리 음식을 먹고 동대문에서 쇼핑을 했다. 그리고 새벽 3시, 집에 들어가는 것이 너무도 아쉬워 즉흥적으로 밤을 새우기로 했다. 비교적 저렴하게 밤을 새울 수 있는 방법으로 심야영화를 택했지만 그 영화는 하필 하드코어 스릴러 〈황해〉였다. 그것도 음향 시설이 대한민국에서 가장 좋다는 동대문 메가박스 서태지 M관에서! 피와 비명소리 가득한 영화를 보니 아무리 졸려도 잘 수가 없었다. 그렇게 우리의 파티는 눈이 충혈되고 귀가 멍멍해진 상태로 새벽 6시가 되어서야 끝났다.

2년 후 내 차례가 되었을 때는 A와 H만 함께 했다. 그사이 J형은 H와 헤어졌고 K누나는 도쿄로 유학을 갔다. S형은 여러 가지 일을 하느라 바쁘다. 이제 3명밖에 남지 않았지만 그래도 오랜만에 만난 우리는 다시 유럽으로 돌아간 것 같았다. 3,000코루나 남자의 서른을 축하해 줘서 고마워!

그리고 그다음 해, 이제 A와 H가 내일모레 서른이 된다. 이번에는 우리가 처음 만났을 때 마셨던 발렌타인을 준비했

헤어지기 아쉬워 들어간 동대문 두타

마지막 내일모레 서른파티

다. 12년, 17년산은 안 된다. 그냥 발렌타인이어야 한다. 그리고 초는 반드시 낱개로 30개를 준비해야 한다.

이번에도 예약의 달인 A가 연말인데도 싸고 괜찮은 방 3개짜리 레지던스를 빌렸다. H는 그때나 지금이나 역시 잘 먹는다. 그리고 나는 지금도 또 실수하고 의도치 않게 웃긴다. 역시나 사람은 잘 안 변한다. 바뀐 게 있다면 A는 대기업에, H는 은행에 다니고 있다는 것이다. 나만 아직 그대로인 것 같다. 초는 역시 30개, 발렌타인을 옆에 두고 불을 끄니 제법 크리스마스 분위기가 난다. 이제 이것이 우리의 마지막 파티고 우리의 20대가 다 사라졌다고 생각하니 쓸쓸했다.

이제 대화 주제 중 유럽의 지분은 많이 사라졌다. 회사 이야기, 연애 이야기, 이런저런 사는 이야기가 주를 이룬다. A는 요즘 개발하고 있다는 곡면디스플레이에 대해 이야기하고, H는 아줌마들 응대하는 게 너무 힘들다며 얼른 결혼해서 휴직하고 싶다고 한다. 안 변했다는 말 취소. 우리 7년 동안 많이 바뀌었구나.

새벽 2시 A는 몸이 안 좋아서 일찍 침실로 들어갔고 이제 거실 식탁에는 H와 나, 둘만 남았다. 갑자기 H에게 궁금한 마음이 들어 물었다. "그때 내가 로마에서 준 거 아직 가지고 있어?", "아, 오빠가 피렌체에서 사 왔다는 거? 당연히 가지고 있지." 취해서일까 얼굴이 발그레해진 나는 다시 H에게 물었다. "근데 혹시 내가 유럽에서 너 좋아했던 거 알고 있었어?" H는 부끄러운지 어색하게 웃으며 대답했다. "당연하지! 내가 무슨 바보도 아니고."

"이야, 오빠가 결혼을 하네!" A는 대구 사투리로 청첩장은 얼굴 보고 직접 받아야 한다며 당장 약속을 잡는다. 나와 A, 그리고 H가 같이 만나기로 한 전날 무슨 평행이론인지 나는 엄청나게 과음을 해서 지갑과 휴대폰을 모두 잃어버렸다. 겨우겨우 약속시간에 도착해서 오늘 있었던 일을 이야기하니까 돌아온 대답 "이 오빠 진짜 여전하네."

"오빠 그런데 신혼여행은 어디로 가?" H가 묻는다. "독일에서 시작해서 체코 잠깐 들렀다가 이탈리아에서 좀 오래 있어.", "부럽다. 그러면 오빠 이번에 체코도 가는구나!" 우리는 센트럴시티에서 태국 음식을 먹고 서래마을에서 프랑스 디저트도 먹었다. 대구 가시나들 이제 완전 서울사람 다 됐구나.

한 달 후, 결혼식이 끝나고 H가 축의금을 줘야 한다며 잠깐 보자고 한다. '왜 축의금을 직접 줄까?'라는 의문은 축의금 봉투를 연 순간 바로 사라졌다. 봉투에는 내가 뮌헨역에서 환전했던 2,000코루나가 들어 있었다.

열한 번째 여행이 부르는 노래: Yesterday once more - Carpenters ♪ 🎵

메콩델타에서 하롱베이까지

12

세상에서 나와 가장 닮은 남자의 한 마디

19살부터 28살까지, 베트남 메콩델타·호찌민의 기억

나에게 아버지는 한마디로 정의 내리기 힘든 존재다. 어릴 적 아버지는 무엇이든 잘하고, 무엇이든 알고 있는 절대적인 존재였다.

나는 아버지가 좋아하는 영화를 보고 말이나 행동을 따라 했다. 그림에 소질이 있던 아버지가 그려주신 헬리콥터와 포크레인을 따라 그리며 놀았다. 술에 얼큰하게 취해서 사 오신 생일선물, 아카데미 M16 BB탄총을 밤새 조립해 주셨던 모습이 기억에 남는다. 그 순간이 아마도 내가 아버지를 가장 좋아했던 시절이 아닌가 싶다.

학교에 들어가면서부터 아버지는 유독 나에게 엄격했다.

사실 엄격했다기보다는 그의 예측 불가능한 분노가 나를 불안하게 만들었다. 특히 자그마한 실수에도 혹독하게 소리를 쳤고, 내가 성과를 내도 "너 그렇게 해서 되겠어?"라는 핀잔을 줬다. 나는 점차 아버지 앞에서는 움츠러들었고 그만큼 아버지와의 거리는 점점 멀어졌다. 고등학교에 들어와서부터 아버지가 술을 마시기 전에는 대화를 거의 하지 않았고, 그 마저도 아버지의 훈계와 나의 반항으로 일그러지곤 했다.

아들이 수능을 본다고 먼 현장에서 오랜만에 집으로 오신 날, 그는 수능이 몇 시간도 남지 않은 깊은 새벽에 분노를 터뜨렸다. 이유는 내가 수능 전날 긴장감으로 잠을 이루지 못한다는 것이었다. 나 역시 그동안 아버지에게 쌓아 두었던 분노를 터뜨렸고 옆에서 엄마는 성난 테바이왕과 그의 아들 오이디푸스를 울면서 말리는 수밖에 없었다. 암흑으로 뒤덮인 2002년 11월 수능날 새벽이었다. 한 달 후 어머니가 암에 걸렸다는 소식을 듣게 된 나는 아버지에 대한 마음을 완전히 닫았다.

군생활을 하며 디자이너가 되겠다는 꿈이 생겼다. 우연히 「미래의 자동차 디자이너」라는 칼럼을 보았고, 그것은 나에게 매우 강렬하게 다가왔다. 그리고 내가 어린 시절부터 그림 대회에서 입상도 많이 했고, 색감 선택과 창의력이 남들보다 뛰어나다는 주관적인 행복회로를 마구 돌렸다. 새롭게 꿈을 발견한 날, 예술의 길을 걷고 있는 작곡가 친구에게 꿈에 대해 가슴 벅차게 이야기하자 그 친구는 내 꿈을 적극적으로 지지해 주었다.

휴가를 나와서 동네 횟집에서 술 한잔을 하며 아버지에게 디자이너가 되겠다는 말을 처음으로 꺼냈다. 그 순간 상에 있던 광어는 뒤집어졌고, 내 꿈 역시 뒤집어졌다. 뒤늦게 찾은 꿈이 산산조각난 후 나는 아버지를 증오하게 되었다.

아버지는 쉰 살이 되기 전 20년이 넘게 다니던 회사를 나오셨다. 그리고 퇴직금과 한국에 있는 모든 재산을 처분하여 마련한 돈으로 베트남에 가셨다. 새로운 환경에서 인생의 또 다른 시작을 하기로 한 것이다.

꿈을 포기해야 했던 20살 소년의 아픔은 자유로운 대학생활과 여행을 통해 차츰 치유되기 시작했다. 물론 아버지와 물리적, 정신적으로 거리를 두었기 때문일 수도 있지만.

여름방학을 맞아 호찌민에서 사업 중인 아버지를 방문할 겸 베트남을 여행하기로 했다. 호찌민에서 시작해 달랏, 냐짱, 다낭을 거친 후 하노이, 하롱베이로 이어지는 남북횡단 여행이다. 버스를 타고 걷기도 하면서 틀에 얽매이지 않는 20여 일간의 배낭여행을 계획했다. 캐나다 유학 생활과 한 달간의 유럽여행 후 여행의 노하우와 가장 중요한 용기가 생겼다.

하지 무렵의 호찌민은 적도의 열기가 끓어오른다. 공항에 마중을 나오신 아버지는 말없이 손을 들었고 나도 손을 들어 응대했다. 1년 만의 어색한 부자상봉이다. 일하고 계신 곳에 대한 간단한 설명을 듣고 함께 밥을 먹었다. 새로운 사업에 대한 나름의 포부도 있었지만 불안감도 함께 엿보였다. 무엇보다 어릴 적 보았던 자신만만하고 모든 것에 확신이 찬 그런 아버지의 모습이 아니었다.

숙소로 돌아가려고 할 때 아버지가 말씀하셨다. "혹시 내일 메콩델타에 같이 갈래?" 아버지의 갑작스러운 제안이 놀랍기도 하고 당황스러워 떨떠름한 표정으로 "내일은 일정이 있고 다음 날 가죠."라고 대답했다.

아버지와 단둘이 여행이라니. 그에 대한 미움이 많이 사그라들었지만 아직은 썩 내키지 않는 게 사실이었다. 단둘이 하루 종일 함께 해야 한다는 게 너무 어색했고, 아들에게 먼저 여행을 제안한 아버지의 모습도 너무 생소했다. 어쨌든 그렇게 이틀 후 강씨 부자는 메콩델타로 떠났다.

메콩강은 티베트고원에서 발원하여 미얀마, 라오스, 타이, 캄보디아, 베트남을 거쳐 남중국해로 흐르는 동남아시아의 중요한 국제 하천이다. 델타는 강과 바다가 만나는 곳에 형성되는 퇴적지형인 맹그로브가 우거져 있고, 그곳을 카약을 타며 열대우림을 직접 보고 느끼는 것이 메콩델타여행이다.

아버지와 나는 베트남 가이드가 준비한 베트남 전통 모자 '논'을 어색하게 나눠 썼다. 별다른 말은 하지 않았지만 가끔씩 서로의 사진을 찍어주면서 열대우림 속을 탐험했다. 그렇게 아침부터 저녁까지 아버지와 함께 시간을 보낸 후 호찌민으로 돌아왔다.

피는 못 속인다고 아버지도 나처럼 엄청난 애주가다. 내가 아버지를 닮아 술을 좋아한다는 표현이 더 맞겠다. 호찌민에 돌아온 애주가 부자는 벤뜩성당 앞에 있는 식당에서 한국에서 가지고 온 소주를 마셨다. 술이 한 잔씩 들어가자 그제야 서로의 이야기가 조금씩 나왔다.

아버지는 소주를 좋아하시고 나도 윤동주를 좋아한다. 아버지는 노래 부르는 것을 좋아하시고 나도 기타 치는 것을 좋아한다. 아버지는 역사와 철학을 좋아하시고 나 역시 토론하는 것을 좋아한다. 아버지도 그렇고 나도 그렇다. 어느새나는 아버지를 정말 많이 닮아 있었다.

아버지도 어릴 적 글을 쓰고 싶었고 선생님이 되고 싶었다고 한다. 아버지가 나에게 그랬듯 할아버지도 아버지에 대한 기대가 너무나도 높았고 엄격하셨단다. 대화는 없고 명령과 훈계만 있었다고 한다. 묵묵히 따르던 아버지는 반항을 하기 시작했고 결국 그의 아버지가 원하는 대학과 학과, 진로와는 반대로 향했다.

호찌민 식당에서 아버지와 소주 한잔

메콩델타에서 논을 쓰고

아버지도 나처럼 아버지를 미워했겠지. 아마도 사랑을 받고 표현하는 방법을 몰라서 자신을 꼭 닮은 아들에게도 사랑과 기대를 화로 표현했겠지. 아버지는 그날 처음으로 나에게 미안하다고 말씀하셨다. 그 무뚝뚝한 짧은 한마디에 나는 처음으로 아버지를 이해하게 되었다.

그로부터 3년 후, 28살 졸업을 앞둔 나는 모든 것이 불안하고 초조했다. 곧 대학이라는 테두리에서 벗어나 사회라는 전쟁터로 나가야 하는데 나는 아무런 무기도 가지고 있지 않았기 때문이다.

3년 가까이 준비했던 유학은 경제적 압박, 실력, 노력의 부족으로 점점 가능성이 희박해졌다. 원하던 대학원들은 모두 떨어졌고 단 한 군데에서 연락이 왔다. 한 푼의 장학금도 받을 수 없었기 때문에 몇천만 원의 학비와 생활비를 감당할 자신이 없어 또다시 소중한 꿈을 포기한 날. 나는 아버지에게 전화를 걸었다.

그 당시 아버지는 3년간의 베트남 사업을 완전히 정리하고 고향에 내려와 계셨다. 20년간 모았던 전 재산과 가장의 자존심 모두를 탕진한 채로. 문득 현재의 나와 비슷한 처지였던 아버지의 28살이 궁금했다.

그때의 아버지는 3년간 다니던 회사를 스스로 그만두고 처자식을 누나 집에 맡긴 채 고시공부를 시작하셨다. 그 어려움을 어떻게 극복하고 일어설 수 있었는지, 무섭진 않았는지 진심을 다해 물어보았다. 아버지는 대답 대신에 "넌 뭘 하든 잘하고 어디 가도 기죽지 않잖아. 뭘 그렇게 무서워하고 그러냐."라고 말씀하셨다.

그 순간 세상에서 나와 가장 닮은 남자가 하는 별말 아닌 그 한마디가 세상에서 가장 큰 위로가 되었다. 나는 아버지에게 태어나서 처음으로 사랑한다고 말했다. 그리고 아버지에게 태어나서 처음으로 사랑한다는 말을 들었다.

열두 번째 여행이 부르는 노래: 가족사진 ♪ ～ 김진호(SG워너비) ♫

13

온몸으로 배우는 열대기후

25살, 베트남 호찌민·달랏·냐짱의 기억

호찌민은 베트남 남쪽에 있는 가장 큰 도시다. 원래 이름은 사이공이었지만 남베트남과의 전쟁에서 이긴 북베트남이 적국의 수도를 자국 영웅의 이름으로 바꿔버린 것이다. 호찌민은 남북으로 긴 베트남의 남쪽에 있기 때문에 가장 더운 도시 중 하나다. 한여름 베트남 호찌민에 도착한 나는 열대기후를 온몸으로 흠뻑 느꼈다.

아버지는 외삼촌과 함께 사업을 하셨다. 외삼촌은 사업의 핵심이 기세라고 생각하시는 분이며 사업을 구성하는 모든 요소가 'First and Only One'이길 원하셨다. 그중 하나가 바로 폭스바겐 비틀 오픈카다. 이곳 베트남 시장에는 일본 자동차가 굉장히 많고 독일의 벤츠, BMW, 아우디 등도 심심치 않게 눈에 띈다.

하지만 딱정벌레같이 생긴 폭스바겐의 비틀, 그것도 오픈카는 베트남에 단 한 대도 없다. 캐나다에서 그 차를 구매하고, 태평양을 횡단하는 배를 태워 보내고, 다시 몇백 퍼센트나 하는 관세를 내고, 웬만한 고급차보다 몇 배나 비싼 금액으로 구매한 이유도 단지 그 차가 베트남에 한 대도 없기 때문이다.

그 차를 오늘 내가 빌린다. 평소에는 잘 쓰지 않는 선글라스를 끼고 하얀색 셔츠의 단추는 두 개쯤 풀어헤친다. 한 손은 핸들에, 다른 한 손은 창문 밖으로 내민 채 호찌민 시내를 달린다. 당연히 오픈카니까 뚜껑은 연 채로. 앞뒤 양옆에는 수백 대의 스쿠터들이 나를 호위하듯이 지나가고 한껏 허세에 취한 나는 날리는 머릿결로 바람을 느낀다.

이럴 때 음악이 빠질 수 없지! 음악을 틀기 위해 차를 잠깐 멈춘 그 순간, 맑았던 하늘에서 갑자기 맹렬한 소나기가 쏟아졌다. 너무 갑작스러워서 오픈카의 뚜껑을 닫지 못했고 그 억수 같은 열대의 소나기를 온몸으로 다 맞았다. 잔뜩 허세를 부리던 나는 순식간에 비 맞은 생쥐 꼴이 됐다. 얼른 핸들을 돌려 집으로 향했지만 차가 도착했을 때는 언제 그랬냐는 듯이 햇빛이 쨍쨍 내리쬐고 있었다.

달랏으로 가기 전날 밤, 에어컨을 밤새 켜놓고 잠이 들어 감기에 호되게 걸리고 말았다. 생전 처음 느껴보는 극심한 치통과 함께 '열대기후에 와서 무슨 뎅기열 같은 풍토병이 걸렸나?' 하는 공포감이 들었다. 그 상태로 버스를 타고 세 시간쯤 달렸는데 몸이 점점 으슬으슬해지고 머리가 아파 왔다. 베트남 사람들 체형에 맞춘 버스 좌석에서 체구가 꽤 큰 내가 세 시간 동안 온몸을 잔뜩 움츠리고 있는 게 여간 힘든 일이 아니었다.

기진맥진한 상태로 정오쯤 달랏에 도착하자마자 바로 호텔에서 몇 시간을 내리 잤다. 잠에서 깨니 이미 해가 져 어두웠다. 아직 머리가 아프고 어지러웠지만 그래도 저녁은 먹어야 할 것 같아 밖으로 나갔다. 밖은 호찌민의 밤과는 확연히 달랐고 입김이 나올 정도로 추웠다. 양손으로 팔을 감싸며 잔뜩 움츠러든 채 걷다 보니 광장이 나왔다.

밥을 먹다 고개를 드니 노란 불빛이 머리 위로 쏟아진다. 이럴 수가. 눈앞에 에펠탑이 보인다! 머리가 아프고 어지러운 데다가 눈도 침침하니 헛것을 본 줄 알았다. 프랑스 파리에 있는 에펠탑이 왜 베트남 달랏에 있을까? 다시 한 번 쳐다봐도 에펠탑이 맞다. 그리고 바로 옆에는 개선문도 있다.

사실 프랑스 파리의 에펠탑과 개선문이 베트남 달랏에 있는 이유는 프랑스와 베트남의 역사와 관련이 있다. 달랏은 원래 열대기후에 해당하는 위도에 위치해서 일 년 내내 더워야 하지만, 해발고도가 2,000m 정도이기 때문에 봄과 같은 날씨가 지속된다. 베트남을 식민 지배했던 고위층 프랑스인들은 달랏에 별장을 짓고 살았고, 자신들의 고향 프랑스 파리의 랜드마크인 에펠탑과 개선문을 달랏에 지어 놓았다. 그래서 내가 베트남에서 식당 테라스에 앉아 쌀국수와 짜조, 로컬 맥주를 마시며 프랑스를 느낄 수 있는 것이다.

이틀을 내리 호텔에서 자니까 극심했던 감기도 이제 바다에 뛰어들어 수영을 하고 싶다는 생각이 들 정도로 나았다. 다시 북쪽으로 향했다. 그곳에는 당시 미스유니버시아드대회가 열리고 있던 바닷가 해안도시 냐짱이 있었다. 영어 발음대로 읽으면 나트랑이라고 불리는 이곳은 전형적인 바닷가에 있는 관광도시다.

관광도시는 사람이 많고 사람이 많다는 것은 복잡하고 바닷물이 더럽다는 것을 의미한다. 태국 파타야도 그랬고 푸껫도 그랬다. 열대 바다라고 모두 내셔널지오그래픽에서 보던 야자수와 에메랄드빛과 산호초가 생기 있게 넘실거리는 모습을 보여 주지는 않는다.

냐짱의 바다도 역시나 그랬다. 물은 더러웠고 적조현상도 보였다. 냐짱의 바다에 적잖이 실망하고 걷다가 괜찮아 보이는 호텔에 들어갔다. 가격은 2만 원 정도였는데 침대가 더블

사이즈 하나, 싱글사이즈 둘, 그리고 TV도 두 개나 있었다. 거기다 오션뷰의 테라스가 있어 바다 야경을 보면서 맥주 한 잔을 하면 딱 좋을 것 같았다. 호텔에 매우 만족한 나는 툭툭을 타고 냐짱의 이곳저곳을 다니기로 했다.

베트남 툭툭 드라이버들은 보통 중년에 가까운 아저씨들인데도 웬만한 우리나라 대학생보다 영어를 잘한다. 물론 발음이 세련되지는 않고 사용하는 단어가 제한되어 있지만, 자신이 하고 싶은 말을 효과적으로 전달하고 상대방의 말도 척척 알아듣는다.

개인적으로 여행에서 사용하는 영어는 문법이 정확하거나 발음이 좋아야 한다고 생각하지 않는다. 그저 두려움 없이 말하고 알아듣고, 설령 조금 틀리더라도 다시 말하거나 모르는 단어는 쉬운 표현으로 말하면 된다고 생각한다. 어차피 외국에서 태어나지 않은 이상 우리는 네이티브 스피커가 아니기 때문에 우리의 영어는 완벽할 필요가 없다.

친절하고 마음이 잘 맞았던 툭툭 아저씨는 반나절 가까이 냐짱의 유명 관광명소와 잘 알려지지 않은 곳들로 나를 안내한 후 안전하게 호텔에 데려다 주었다. 감사의 표시로 원래 약속한 금액과 함께 팁을 넉넉히 드렸다. 아저씨는 여러 번 고맙다고 하면서 내 여행에 행운을 빌어주었다.

그렇게 기분 좋게 호텔에 들어가 방의 불을 켜는 순간 화

열대 야자수와 바다

열대기후 하늘과 툭툭

들짝 놀랐다. 손바닥만한 쥐 세 마리가 쏜살같이 침대 밑으로 들어가는 것이다. 얼른 호텔 매니저를 불러서 방에 쥐가 있으니 조치를 취하라고 했다. 매니저는 얄미운 미소를 지으면서 "손님 우리 호텔에는 절대 쥐가 없습니다."라고 말한다. 나는 다시 매니저에게 "내가 두 눈으로 똑똑히 봤다고요! 쥐가 세 마리나 나타나서 침대 밑으로 숨었어요."라며 화를 냈다.

매니저는 말없이 무언가를 손에 들고 내 방으로 들어왔다. 그리고 침대 밑으로 살충제를 뿌렸다. 조금 지나자 손바닥만한 바퀴벌레가 새끼손가락만한 다리 여섯 개를 바둥거리며 나왔다. 매니저는 다시 "자 손님, 맞죠. 저희 호텔에는 쥐가 없습니다."

나는 아무 말도 하지 못했다. 왜 이 호텔이 침대가 세 개고, TV가 두 개고, 뷰가 좋은 테라스가 있는데도 2만 원밖에 하지 않는지 알 수 있었다. 그리고 왜 열대기후의 사람들이 땅과 1~2m 정도 떨어진 고상가옥에서 살 수밖에 없는지 비로소 알게 되었다.

열세 번째 여행이 부르는 노래: Love Tropicana ♪♩ ~ Sister MAYO ♪

25살, 베트남 호이안의 기억

냐짱에서 버스를 타고 베트남의 중부 다낭으로 향했다. 베트남이 남북으로 분단되었을 때 다낭은 북베트남과 남베트남의 완충지대였다. 베트남전쟁 중에는 여러 번 주인이 바뀌었던 곳으로 우리나라로 따지면 비무장지대인 철원, 고성쯤이라고 할 수 있다.

베트남 버스는 매우 느리고 도로는 잘 정비되지 않아서 짧은 거리여도 시간이 오래 걸렸다. 그 덕분에 옆자리에 앉은 호주 할머니와 많은 이야기를 나눌 수 있었다. 그녀는 남편과 이혼한 싱글맘이다. 태국에서 입양한 딸은 멜버른에서 대학을 졸업한 후 독립해 태국에 살고 있고, 자신은 은퇴한 후

멜버른에서 환경보호 관련 NGO로 활동하고 있다고 한다. 그녀는 딸 방문 겸 태국에 놀러 왔다가 근처 국가들을 여행 중이다.

여행 중에는 처음 만난 사람과도 친해지기 쉽다. 여행은 일상에서 벗어나 새로운 상황을 평소보다 여유 있게 받아들이고, 그래서 마음이 좀 더 쉽게 열리기 때문일 것이다. 여행에서 주변 눈치를 볼 필요는 없으니까.

이렇게 여행이라는 낯선 장소에서 호주 할머니와 한국 대학생은 수십 년의 나이 차이를 극복하고 친구가 되었다. 싱글맘, 입양, NGO와 같은 그녀의 경험이 당시 나에게는 낯설면서도 멋졌다.

몇 시간 동안 이야기를 하다가 문득 버스 밖 풍경이 눈에 들어왔다. 호수와 바다, 아기자기한 마을이 아름다웠다. 여기 어디지? 너무 좋은데? 나는 할머니에게 여기서 내리자고 제안했고, 힙한 호주 할머니는 쿨하게 오케이했다. 그렇게 우리는 다낭행 버스를 멈춰 세운 후 호이안에 내렸다.

계획 없는 여행은 한 치 앞을 예측할 수 없다는 불안과 동시에 일정을 즉흥적으로 바꿀 수 있는 자유가 있다. 이 자유는 다양한 에피소드를 만들어 주기도 한다. 호이안에 내린 우리는 호텔도 "자전거 무료로 빌려줌"이라는 문구 하나로 별다른 고민 없이 선택했다.

호이안의 그 호텔

호텔은 즉흥적으로 고른 것치고 매우 만족스러웠다. 내부 인테리어는 깔끔했고 로비 중앙에는 자그마한 정원도 있었다. 그 위로는 지붕 없이 뻥 뚫려 있어서 파란 하늘이 보이는 구조였다. 방도 퀸사이즈 침대에, 내부 인테리어도 훌륭했다. 그리고 무엇보다 호텔 지배인이 매우 친절했다. 항상 웃는 얼굴로 인사하고 내 짐도 직접 방까지 들어주었다. 우리는 우연히 발견한 호텔이 이렇게 훌륭한 것에 매우 만족했고 친절한 지배인에게 여권을 맡기고 무료로 자전거를 빌렸다.

우리는 자전거를 타고 호이안의 따스한 공기를 맞으며 달렸다. 작고 아담한 호수가 파란 하늘을 담고 있고 야자수가 듬성듬성 여유롭게 노니는 해변가에는 느긋한 여유가 느껴졌다. 수많은 인파로 북적이던 냐짱의 해변과는 다른 모습이다. 호이안도 곧 사람들에게 알려지면 그런 모습으로 변하겠지? 그 생각이 드는 순간 문득 지금 내가 여기에 있다는 사실에 감사했다.

바다가 보이는 해변에서 해먹에 누워 흔들거리며 시원한 맥주 한잔을 마시니 여기가 바로 지상 낙원이다. 가끔 물건을 파는 베트남 할머니들이 다가와서 귀찮게 했지만 호주 할머니는 그녀들과도 친구가 되는 뛰어난 친화력을 지녔다. 호주 할머니는 국제 구호 차원에서인지, 가난한 동년배에 대한 연민에서인지 물건을 하나 샀다. 그랬더니 다른 할머니들도 그녀에게 몰려온다. 할머니는 어쩔 줄 몰라 하는 표정으로 웃음을 터뜨렸다. 결국 그 덕분에 나도 별로 필요하지 않은 액세서리를 하나 샀다.

자전거는 잠시 세워 두고 유네스코 세계문화유산에 지정된 호이안 구시가지를 느긋하게 거닐었다. 호이안에 오길 참 잘했다는 생각과 기분 좋은 행복감이 따스히 밀려왔다. 전통시장에 들러 이것저것을 구경하면서 길거리 음식도 먹고, 저녁에는 호이안 현지인들에게 인기가 많다는 로컬 식당에 가서 맛있는 안주와 시원한 맥주를 마시면서 뜨거운 여름밤을 만끽했다.

저녁 식사를 마치고 호텔로 돌아왔다. 밤늦은 시간이라 할머니는 바로 방으로 들어갔고 나는 호텔 로비에서 인터넷을 하면서 하루를 정리하고 내일 일정을 세우고 있었다. 밤늦은 시간 호텔 로비에는 한국에서 온 키 큰 여행객과 그런 나를 마치 〈크리스마스의 악몽〉의 그렘린처럼 미소를 띠며 바라보는 호텔 지배인 둘뿐이었다.

지배인은 나에게 가까이 다가와 오늘 하루가 어땠는지 가볍게 말을 걸었다. 나는 "It's fine, perfect."라고 형식적인 대답을 했다. 그 지배인은 나에게 좀 더 가까이 다가오며 내가 입고 있는 평범한 카고바지 왼쪽 주머니에 달린 지퍼 부분을 손으로 만지작거린다. 그러고는 "이 바지 예쁘다. 어디서 샀어?"라고 물으면서 야릇하게 웃었다.

점점 이상한 기분이 들어서 "한국에서 샀어."라고 무뚝뚝하게 대답하며 인터넷 창을 닫고 일어서려 했다. 그 순간 지배인은 내 귀에 이렇게 속삭였다. "뚜유 라이크 삐에트남 게-이?"

갑작스러운 그의 공격적인 질문에 놀라서 자리를 박차고 일어나 방 쪽으로 빠르게 도망쳤다. 그러자 그 베트남 게이는 나를 빠른 걸음으로 쫓아왔다. 로비의 불은 어느새 다 꺼져 있었고 방으로 돌아가는 좁은 통로도 어두웠다. 가방에서 열쇠를 꺼내 방문을 열려고 했지만 다급한 마음에 열쇠는 좀처럼 보이지 않았다.

어느새 내 바로 뒤에 서 있는 그는 어둠 속에서 숨 가쁜 목소리로 나의 엉덩이를 움켜쥐며 말했다. "Do you wanna feeling like fly high?" 그 순간 섬뜩하면서도 분노가 치밀어 올라 베트남 게이를 두 손으로 강하게 밀쳤다. 그 게이는 어두운 호텔 복도에 내동댕이쳐졌고 나는 영어로 할 수 있는 모든 욕을 쏟아붓고 나서야 문을 있는 힘껏 닫고 방문을 잠갔다.

방에 들어와서도 분노와 놀람은 사그라들지 않았다. 가쁜 숨으로 줄담배를 들이켜다가 문득 그가 이 호텔의 지배인이라는 사실이 떠올라 머릿속은 공포로 가득해졌다. 그리고 그가 내 여권과 이 문을 열 수 있는 마스터키까지 갖고 있다는 사실에 소름이 돋았다. 그렇게 두려움과 치욕스러움에 떨면서 밤을 지새웠다.

아침에 일어나자마자 호주 할머니를 찾았다. 그녀는 오늘 아침 일찍 다낭으로 떠나기 위해 호텔 체크아웃을 하고 있었다. 나는 "호이안이 너무 좋아서 하루 더 있을 계획이었지만 어젯밤 호텔에서 끔찍한 일을 겪어서 더 이상 호이안에 있기 싫어졌다."라고 말했다.

어젯밤 일을 자세히 전해 들은 할머니는 오히려 나보다 더 흥분하며 그 호텔 지배인이 어디 있냐고 리셉션에 가서 화를 내며 따졌다. 그녀는 이런 건 엄연히 성범죄고 당장 경찰에 신고해야 한다면서 이런 일이 호텔에서 벌어지는 건 말이 안 된다고 언성을 높였다.

할머니의 그런 모습이 귀엽기도 하고 자기 일처럼 흥분하는 마음이 고마워서 웃음이 나왔다. 나는 이 사건을 문제 삼아 크게 일을 벌이기보다는 그냥 여행의 추억으로 남기기로 했다. 그리고 예정보다 하루 일찍 호이안을 떠나 북쪽으로 향했다.

요즘 한국에 베트남 다낭여행이 인기를 끌면서 바로 옆에 있는 호이안도 유명세를 치르고 있다. 10여 년 전 조용하던 호이안 구시가에는 한국말이 한 사람 건너 들릴 정도라고 한다. 홈쇼핑이나 사람들의 여행 이야기 속에 호이안이 나올 때마다 '호이안이 유명해지기 전에 우연히 잘 다녀왔구나.' 생각하며 그때의 기억을 떠올린다. 그러다가 불현듯 귓가에 야릇한 그의 목소리가 들린다. "Do you wanna feeling like fly high?"

열네 번째 여행이 부르는 노래: Spread your wings ♪ - Queen ♫

15

가끔씩은 화를 내는 것도 필요해

25살, 베트남 후에·하노이·하롱베이의 기억

호이안에서 잊을 수 없는 밤을 보내고 후에로 향했다. 후에는 과거 베트남 왕조가 오랫동안 도읍으로 삼았던 곳으로 자금성을 본뜬 궁전으로 유명하다. 궁전을 보는 것은 조금 뒤로 미루고 일단 식사부터 해결하기로 했다. 언제부턴가 여행을 하면서 식당을 찾는 일에 큰 노력이나 의미부여를 하지 않게 되었다. 그렇다고 먹는 것의 우선순위가 낮다는 것은 절대 아니다. 오히려 여행에서 음식은 새로운 친구를 만나는 것 다음으로 정말 중요한 요소다.

가이드북에 나온 유명한 곳이나 구글 지도에서 평점이 높은 식당을 찾다 보면 정작 주변에 대한 시야가 가로막혀 여행에서의 귀중한 시간을 허비할 수 있다. 그리고 결국 그렇게 찾은 식당이 한중일 관광객들만 가득하다는 것을 알게 된 이후로는 맛집을 찾는 노력을 덜 하게 되었다. 사방에서 한국말이 들려 여기가 유럽인지 홍대인지 헷갈리는 그런 식당 대신 여행하는 도시의 메인로드에서 살짝 벗어난 안쪽 골목의 현지인들이 많이 보이는 식당에 들어가곤 한다.

물론 그런 식당은 맛을 보장할 수 없다. 또한 직원들이 영어를 사용할 확률은 극히 드물고, 한국어는 물론 영어 메뉴판도 없어서 현지어를 모른다면 내가 무엇을 시키는지 모를 가능성이 높다. 만약 이런 식당에서 주문을 한다면 일단 주변에 맛있어 보이는 음식을 손으로 가리키며 직원에게 "플리즈" 하면서 살짝 웃으면 된다.

후에의 후미진 골목, 현지인들이 북적이는 식당에 들어간 나는 대각선 옆으로 보이는 빨간 국수가 먹음직스러워서 그것을 주문했다. 그리고 스프링롤과 지역 맥주도 추가했다.

먼저 나온 맥주와 새우튀김을 먹고 있을 때 한 여자가 내쪽을 보면서 "오빠, 우리도 저거 시키자."라고 말했다. 한국 사람이었구나! 서로 한국 사람인 것을 알게 된 후 우리는 합석해 이야기를 나누었다.

지금은 여행 도중 한국 사람을 만나면 대화 내용을 다 알아듣는 것이 오히려 불편해 자연스럽게 피하게 된다. 그때는 그렇지 않았다. 편한 언어로 대화를 나누면서 서로의 일정을 공유했다. 나보다 두 살 많은 부산싸나이 정수 형은 여자친구인 미진 누나와 베트남을 여행 중이라고 했다. 우리는 식사를 마치고 함께 후에 궁전을 돌아본 뒤 저녁에는 맥주를 마시며 앞으로의 베트남여행도 함께 하기로 했다.

수도 하노이는 베트남여행의 마지막 일정이다. 하노이에서도 이 커플과 함께 수중 인형극을 보고 호이안 호수에서 야경도 찍었다. 커플 사이에 껴서 같이 여행을 다니는 게 눈치가 보여서 따로 다닐까도 했지만 정수 형은 술친구가 생겨서 은근히 반기는 눈치다.

정수 형은 2박 3일 동안 유람선을 타고 하롱베이를 둘러보는 일정을 추천했다. 낮에는 갑판 위에 누워 맥주를 마시다가 그대로 바다로 다이빙해서 수영도 하고, 카약도 타고, 밤이 되면 갑판에서 술 마시며 불꽃놀이와 파티를 하는 그런 일정.

이런 호화스러운 여행은 가격이 문제지만 이번엔 가격도 매우 저렴했다. 배 안에서 2박을 하고, 하롱베이의 유명한 곳은 다 가고, 매 끼니 밥도 주고, 술도 무한대로 제공하는데 1인당 10만 원 정도였다. 우리는 하노이 여행자 거리에서 바로 예약을 하고 다음날 아침 하롱베이로 떠났다.

하롱베이에서의 일정은 말 그대로였다. 남중국해의 여름

바다에서 수영을 하고 카약을 타면서 시간을 보내다가 밤이
되면 갑판에 누워 눈앞에 쏟아져 내릴 것 같은 한여름 밤의
별들을 보며 잠이 들었다. 곳곳에 숨어 있는 석회동굴이나
작은 마을도 둘러보았다. 뾰족한 석회암, 라피에로 이루어진
산을 오르니 하롱베이의 모습이 한눈에 들어온다.

직접 계획하고 꽤 긴 시간 동안 베트남 남북을 횡단했다는
사실이, 그리고 그 여행의 마지막을 이렇게 즐겁게 마무리할
수 있어서 뿌듯했다. 밤이 되자 갑판에서는 다시 신나는 파
티가 시작되었고 나는 흥겨운 라틴음악에 맞춰 몸을 흔들었
다. 하롱베이에서 행복한 2박 3일을 보내고 드디어 베트남
에서의 마지막 날이 밝았다.

배가 갑자기 멈추더니 성난 얼굴의 선장이 갑판에서 쉬고
있던 우리에게 성큼성큼 다가왔다. 그리고 그는 뱃사람의 거
친 손으로 부서진 샤워기를 움켜쥔 채 화난 눈빛과 목소리로
소리쳤다. "이거 누가 망가뜨렸어?" 샤워기는 마치 누가 일
부러 망가뜨린 것처럼 머리 부분만 분리되어 있었는데, 공교
롭게도 내 방에 있던 샤워기였다.

분명 나는 30분 전 아무 문제없이 샤워를 끝마치고 깔끔
하게 방을 정리하고 나온 후였다. 나는 "저것을 방금 전까지
멀쩡하게 잘 사용했고, 망가뜨리지 않았다."라고 말했다. 어
젯밤까지는 너무도 친절했던 승무원들은 마치 '잡았다! 요

하롱베이의 노을과 유람선

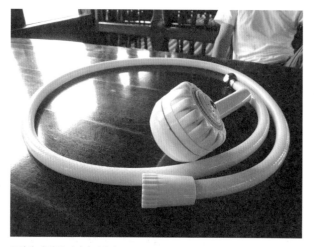

유람선 내 방의 망가진 샤워기

놈'을 외치는 듯한 표정으로 "마지막으로 사용했으니 네가 변상해야 한다. 그러지 않으면 이 배는 여기 멈춰서 움직이지 않을 것이다."라고 선포했다.

갑판 위의 다른 관광객들이 웅성웅성거린다. 미국 노부부, 젊은 프랑스 커플들, 이탈리아 남자들, 중국인 가족 관광객들 그리고 정수 형 커플과 나는 전부 저 샤워기 하나 때문에 하롱베이 바다 한가운데에서 옴짝달싹 못하게 되었다.

물론 나의 잘못은 아니었지만 괜히 사람들에게 미안해서 "도대체 저 샤워기가 얼마냐?"라고 물어봤더니 더 기세등등해진 선장과 승무원들은 100달러라는 말도 안 되는 가격을 불렀다. 2박 3일의 투어 가격이 100달러였는데, 저 낡아빠진 샤워기 하나가 100달러란다.

나는 하도 어이가 없어서 피식 웃었고 미국 할아버지는 베트남 사람들은 전부 사기꾼이라면서 나보다 더 화를 내며 얼른 배를 출발하라고 호통을 쳤다. 다른 사람들도 하나둘 나를 욕하는지 선장을 욕하는지 아니면 괜히 흥분한 미국 할아버지를 욕하는지 저마다의 언어로 떠들었다.

너무 억울했지만 어쨌든 내 방에 있던 샤워기로 벌어진 일이니 내가 책임져야겠다고 정수 형에게 말했다. 형도 자기가 같이 오자고 한 것이니까 금액의 반을 내겠다고 했다. 우리는 선장에게 다가가서 아무리 그래도 저 샤워기 하나에 100

달러는 너무한 것 같다며 가격을 흥정을 했지만 이미 미끼를 덥석 문 후였다. 선장은 100달러를 내지 않으면 절대로 배를 움직있을 수 없다고 못을 박았다.

미국 할아버지는 이제 아예 f가 들어간 욕으로 베트남 자체를 마구 욕하기 시작했다. 이러다가는 하롱베이 바다 한가운데에서 제2의 미국-베트남 전쟁이 일어날 것 같았다. 형과 나는 각각 50달러씩을 지갑에서 꺼내 베트남 해적선 선장에게 지불했고, 배는 하롱으로 출발했다. 미국 할아버지는 배가 항구에 도착하기 직전까지 "Fxxxing Vietnam"을 외쳤다.

하롱으로 도착한 후 곧장 노이바이 국제공항으로 출발했다. 마무리가 개운치 않아서 찝찝했다. 무엇보다 내가 하지도 않은 일로 비난을 받고 그것에 대해 제대로 화도 못 냈다는 것이 언짢았다. 좀처럼 진정되지 않는 마음을 맥주로 달래려 공항 편의점에 들어갔다.

맥주를 고르고 있는데 공항 유니폼을 입은 여자 직원들이 나를 보고 무언가 이야기하며 웃는 모습이 눈에 들어왔다. 타이거맥주를 계산대에 올려놓으니 그중 한 명이 15만 동이라고 말했다. 어차피 베트남 돈은 다 쓰고 가야하니 가격은 신경쓰지 않았다. 맥주 한 캔을 다 비우고 다시 타이거맥주 한 캔을 더 사러 갔다.

그런데 분명 똑같은 타이거맥주인데 아까보다 싸다는 것을 순간적으로 느꼈다. 다시 카운터에 가서 "왜 아까는 15만 동을 받더니 지금은 5만 동을 받냐?"고 따졌다. 그러자 그 공항 직원은 원래 15만 동인데 5만 동으로 잘못 계산했다면서 10만 동을 더 내라고 한다.

예상치 못한 나의 질문에 당황하는 모습을 본 순간 아까 저 세 명이 나를 보며 웃었던 이유와 그중 한 명이 뻔뻔하게 나에게 실제로 사기를 쳤다는 것을 알게 되었다. 안 그래도 '하롱베이 해적'에게 사기를 당했는데 이렇게 또 사기를 당하니 갑자기 분노가 치밀었다.

나는 매니저에게 나에게 처음 맥주를 팔았던 직원을 불러오라고 한 뒤 직접 사과하라고 요구했다. 그 여자 직원은 퉁명스러운 얼굴로 내 앞에 다가왔지만 미안하다는 말은 하지 않았다. 그저 썩은 표정으로 10만 동을 나에게 돌려줬으며 매니저만 연신 미안하다고 사과를 했다.

"난 단지 이 10만 동 때문에 화를 내는 것도, 사과를 받으려는 것도 아니다. 베트남을 대표하는 공항에서 너는 나에게 사기를 쳤고 사과를 요구하는 나의 말도 무시했다."

그리고 나는 10만 동을 다시 그 여직원에게 돌려주면서 "나에게 정식으로 사과해."라고 강하게 말했다. 이미 내 뒤에서 많은 사람들이 재미난 싸움을 구경하는지 웅성대고 있었다. 나는 그녀를 강하게 응시하며 카운터에 계속 서 있었다. 기다리는 다른 손님들의 웅성거림과 몇 번의 매니저의 설득 끝에 결국 그 직원은 나에게 정중하게 사과를 하며 10만 동을 돌려줬다.

나는 그제서야 타이거맥주를 시원하게 들이켠 후 한국으로 가는 비행기에 탔다.

열다섯 번째 여행이 부르는 노래: 내 탓은 아니야 ♪ ─ 권나무 ♫

티베트, 자유 그리고 여행

16

티베트 자유여행의 시작

26살, 대한민국 춘천과 중국 베이징·티베트의 기억

대학 생활 중 가장 기억에 남는 여행지는 중국의 시짱자치구, 티베트다. 그 이유는 역설적이게도 당시 티베트는 외국인들이 갈 수 없던 지역이었기 때문이다.

대학교 3학년, 유학을 준비하며 '라싸의 경관변화로 바라본 중국의 소수민족 정책'이라는 주제로 논문을 쓰고 있었다. 마침 해외여행 지원 프로젝트가 열린다는 소식을 들었고, 지원을 받아 티베트 라싸를 답사한 후 그 결과를 바탕으로 논문을 완성할 계획을 세웠다. 약 2주간의 준비과정을 걸쳐 발표를 준비했다.

그 당시 티베트는 꽤나 색다른 장소였고 주제도 나름 학술

적이기 때문에 당연히 좋은 결과를 기대했으나 순위권에도 들지 못했다. 아직은 준비가 부족하다는 것을 실감하고 준비한 것이 아깝기도 해서 6개월 후 자비로 티베트를 여행하기로 했다.

당시 티베트는 외국인이 여행하려면 퍼밋(Permit)이 필요했다. 2008년 베이징 올림픽 전후로 티베트 라싸에서는 'Free Tibet' 구호를 내걸고 적지 않은 소요 사태가 발생했으며, 많은 외국인들이 티베트의 독립운동을 지지했기 때문이다. 이러한 상황을 달갑지 않게 생각하는 중국 정부는 아예 외국인들의 티베트여행을 금지시켰다.

티베트를 갈 수 있는 유일한 방법은 중국 정부에서 공식 인증한 여행사 가이드와 함께 정해진 일정대로 따라다니는 것뿐이다. 즉 여행의 자유가 없는 고리타분한 관광만 허락한다는 것이다.

당시 인터넷에는 아시아, 유럽, 아메리카에 대한 여행 정보는 물론 아프리카에 대한 정보도 어렵지 않게 찾을 수 있었지만 티베트에 대한 자유여행 정보는 거의 전무한 상황이었다. 그 와중에 확인되지 않은 지라시에 따르면 퍼밋이 없이 티베트를 여행하다 공안에게 걸리면 최소한 추방이고 운이 나쁘면 사형까지 당할 수 있다고 한다. 말도 안 되는 이야기라고 웃어넘겼지만 대륙의 스케일이라면 또 그럴 수도 있겠다는 수긍이 가서 으스스해진다.

그럼에도 불구하고 나는 티베트로 떠나기로 하며 세 가지 결심을 했다. 하나, 추방을 당하든 사형을 당하든 티베트의 파란 하늘과 라싸의 포탈라궁만 볼 수 있다면 행복할 것이므로 무조건 티베트에 간다. 둘, 나는 퍼밋 없이 티베트에 간다. 셋, 티베트 망명 정부가 사용하고 있는 '설산 사자기'를 배낭 뒤에 붙이고 라싸로 당당하게 입성한다. 퍼밋 없이 여행을 가는 것도 모자라서 티베트 독립의 상징으로 중국 정부가 강력히 사용을 금지하는 깃발을 붙이고 갈 생각을 하다니…. 세 번째 결심은 다행히도 지켜지지 않았다.

이렇게 터무니없고 겁 없는 여행을 준비하던 나는 추방당하는 비상상황에 대비하기로 했다. 춘천 지역마트 '벨몽드'에서 컵라면과 햇반 등의 비상식량과 중국 공안들의 선심을 사기 위한 비장의 카드, 한국의 전통술 소주도 몇 병 준비했다. 칭짱철도의 46시간 동안의 지루함을 달래줄 한국의 전통놀이 화투도 준비했다.

출발하기 전날 불안한 마음에 브래드 피트 주연의 〈티베트에서의 7년〉이라는 영화를 봤다. 퍼밋이라는 단어가 처음부터 너무 많이 나온 것과 불안한 표정의 브래드 피트의 마음이 너무나 공감되어 웃픈 마음으로 영화를 보다 잠들었다.

베이징에 도착하여 '귀락원'이라는 조선족 민박집으로 갔

티베트 독립의 상징 설산사자기

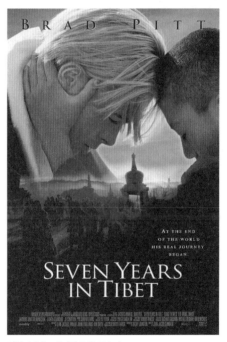

영화 〈티베트에서의 7년〉 포스터

티베트 자치구 라싸로 향하는 칭짱철도 티켓

다. 이곳에서 티베트 퍼밋에 대한 정보를 얻을 수 있고 확실하지는 않지만 티베트 자유여행이 가능할 수도 있다는 복음 같은 소식을 들었기 때문이다. 퍼밋 없이는 라싸행 기차표조차 살 수 없기 때문에 민박 사장님께 퍼밋에 대해 조심스레 물어보았다. 아저씨는 아무 일도 아니라는 듯이 티베트 임시 퍼밋과 라싸행 칭짱철도 구매 대행까지 해 주신단다.

물론 이게 중국 정부의 공식 퍼밋인지는 확인할 수 없었지만 나는 라싸행 기차표를 얻은 것만으로도 너무나 기뻤다. 나중에 안 사실이지만 중국 공안들도 돈을 받고 외국인 관광객에게 퍼밋을 발급해 준다고 한다. 자신들이 불법으로 퍼밋을 발급해 주고 그걸 스스로 단속하는 아이러니라니!

드디어 티베트여행이 더 이상 미지의 영역이 아닌 가시권으로 들어왔다. 포탈라궁과 티베트고원의 야크 떼가 눈앞에 보이기 시작했다.

그렇게 나는 베이징 서역에서 라싸행 칭짱철도에 올랐다.

열여섯 번째 여행이 부르는 노래: 첫 펭귄 ♪ ~ 015B 🎵

133

17

칭짱철도에서 만난 사람들

26살, 베이징 서역부터 티베트 라싸까지의 기억

칭짱철도는 칭하이성의 '칭'과 시짱자치구의 '짱'을 따와
서 만든 이름으로 베이징 올림픽을 2년 앞둔 2006년에 완공
되었다. 세계에서 가장 높은 지역에 위치한 철도라는 명성을
보유하고 있는 칭하이성 시닝과 시짱자치구의 수부 라싸를
연결하는 구간을 말하기도 한다. 이러한 대규모 철도사업이
완공된 후에 중국의 서부개발은 가속화되었고 그만큼 시짱
자치구 내의 중국의 영향력은 커졌다. 칭짱철도는 중국의 서
부개척의 상징물인 셈이다.

중국 정부는 칭짱철도 건설이 시짱자치구 지역의 소득 증
가와 지역 발전에 도움을 주었다고 말하지만 그만큼 시짱자

치구의 고유성은 상실되었다. 지리학을 공부하는 학생으로서 칭짱철도가 건설된 이후 티베트 라싸의 경관변화가 어떻게 일어나고 있는지 직접 답사해 보고 싶었다.

베이징 서역에서 출발한 열차는 라싸까지 약 46시간이 소요되는데, 그 2박 3일 동안 차창 밖의 풍경이 시시각각 변한다. 베이징에서 석좌장으로 가는 길은 빼곡히 들어선 빌딩들이 스카이라인을 이루지만 이러한 도시적 경관은 조금씩 사라지고 초원과 황토고원, 사막으로 이어진다.

중국의 서부지역 중심도시 시안을 지나면 점차 귀가 먹먹해지는데, 이제 고도가 꽤 높아졌다는 뜻이다. 점차 설원이 눈에 들어오고 드문드문 얼어버린 호수와 지형학책에서만 보던 영구동토층의 구조토 모습이 보이기 시작한다.

열차에는 현재의 해발고도를 보여 주는 계기판이 있다. 4,400m를 넘어서니 기압이 낮아져 간식으로 챙겨갔던 초코파이가 이내 터질 것 같이 부푼다. 기차가 티베트고원에 다다르자 커다란 뿔을 자랑하는 티베트의 상징 블랙야크가 하나둘씩 모습을 드러낸다. 파노라마처럼 펼쳐진 티베트고원에는 저 멀리 만년설이 하얗게 웃음짓고 수천 마리의 야크떼가 검은 점으로 수를 놓고 있는 모습이 장관을 이룬다.

차창 밖에는 종종 사람들도 눈에 띄었다. 마치 영화 〈모터사이클 다이어리〉의 체 게바라처럼 고글이 있는 멋진 헬멧

칭짱철도에서 바라본 티베트고원과 야크 떼

을 쓴 채 오토바이를 타고 먼지를 흩뿌리며 초원을 가로지르는 라이더를 보았다. 온몸을 땅에 내던지며 절을 하는 '오체투지'를 하면서 라싸로 향하는 순례자들도 있었다. 이들은 농번기가 끝나면 몇 달에 거쳐 라싸로 간다.

비록 초고속 문명의 힘을 받으며 가고 있지만 나 역시 그들과 마찬가지로 라싸로 향하는 순례자라는 생각이 들었다. 그들과 동질감을 느끼고 차창 밖으로 손을 힘껏 흔들며 진심으로 그들을 응원했다. 이렇게 나는 점점 티베트에 다가가고 있었다.

칭짱철도에는 3종류의 좌석이 있다. 1등석 4인실 침대칸, 2등석 6인실 침대칸, 그리고 3등석 일반좌석이다. 쾌적하고 안락한 1등석은 가난한 대학생에게는 부담이다. 그렇다고 무작정 3등석에 앉아 46시간 동안 가는 것은 체력적으로 힘들 것 같아서 2등석 6인실 침대칸 티켓을 끊었다.

6인실 침대칸은 한 방 양쪽에 3층 침대가 놓여 있는데, 3층은 오르내리기 힘들지만 물건을 안전하게 보호할 수 있다는 장점이 있다. 인도기차만큼은 아니지만 칭짱철도에서도 가끔 도난사고가 발생하여 짐을 껴안고 자는 사람도 꽤 있었다. 나는 마치 고양잇과 동물들이 나무 위에 올라가 자신을 보호하듯 배낭과 식량을 3층에 올려놓고 나서야 편안하게 잠을 잘 수 있었다.

처음에는 같은 칸을 쓰는 누군가가 내 짐을 훔쳐갈 수도 있다는 생각을 하며 경계했다. 심지어 '이 사람들이 내가 외국인이라는 것을 공안에게 일러바치지는 않을까?' 하는 걱정에 되도록이면 말을 하지 않았다. 하지만 그런 쓸데없는 걱정은 서서히 사그라들었고 어느새 같은 칸의 사람들과 친구가 되어 있었다.

2박 3일 동안 같은 칸을 썼던 내 밑 침대의 마환은 한족으로 북경인민대학을 다닌다. 방학에 부모님이 있는 라싸로 가기 위해 이 기차를 탔는데 마침 이 친구도 전공이 지리학이라고 한다. 우리는 서로 동질감을 느끼고 한참 지리학, '찌리'에 대해 이야기했다.

그 밑에 칸에는 자말이라는 위구르족 친구가 있다. 말은 없지만 웃음이 많은 친구다. 사실 말이 없던 이유는 이 친구와 내가 모두 중국말을 못하기 때문이다. 옆 침대에 있는 티베트족 륵허는 그나마 중국말을 조금 할 줄 알아서 마환의 통역으로 어느 정도 의사소통이 가능했다.

그리고 맞은편 3층침대에 있는 친구는 나와 함께 여행 온 지리교육과 지훈이다. 이 친구는 다큐멘터리 〈인간 대 자연〉의 베어 그릴스처럼 활동적인 것을 좋아하고 아웃도어 환경에서 행동력이 탁월하다. 이 글로벌한 다섯 명은 베이징에서 라싸까지 함께했다.

칭짱철도에서 만난 사람들

한족, 티베트족 친구들과 고스톱 중

가끔씩 공안이 지나가거나 승무원이 표를 검사할 때는 조금 걱정했지만 다행히도 퍼밋을 요구하지는 않았다. 마환에게 퍼밋에 대해 설명했더니 자기도 없다면서 "돈워리, 돈워리!"라고 한다. "야 너는 한족이고 나는 한국사람이잖아!" 그래도 괜찮단다. 다 자기가 책임지겠단다. 이런 만만디, 여유 있는 중국인 아니랄까 봐!

기차가 시안을 지나고 점차 건조지형 풍경으로 바뀌자 퍼밋으로 걱정이 가득했던 마음이 슬슬 누그러졌다. 처음에는 외국인인 게 들통날까 정말 필요한 말만 조용히 영어로 이야기했는데, 이제는 한국말로 이야기하면서 친구들 이름을 한글로 종이에 써 주기도 한다.

기차는 가끔 큰 역에서 10분 정도 정차했다. 몇 시간에 걸친 기차여행이 지루하기도 하고 맑은 공기도 마실 겸 플랫폼에 나가서 사진을 찍었다. 이제는 좀 더 과감해져서 기차 승무원과 인증사진도 찍었다. 자신의 본분에 충실한 그의 자세와 표정이 재밌어서 추억으로 남겼다.

식사는 기차에 타기 전에 미리 사둔 빵이나 컵라면으로 해결했다. 기차 복도에서 파노라마처럼 펼쳐진 차창 밖 풍경을 보면서 먹는 빵과 인스턴트 커피는 그야말로 예술이다. 한국에서 사 온 신라면과 마환의 중국 컵라면을 바꿔 먹기도 했는데, 신라면이 훨씬 맛있다고 계속 바꿔 달란다.

처음에는 감탄했던 차창 밖 풍경도 이제 슬슬 지겨워진다. 이때를 위해 준비한 것이 있다. 바로 한국의 포커 고스톱이다. 1층 침대에서 국경을 초월한 화투판을 벌였다. 규칙을 알고 있는 사람은 나뿐이지만 나는 영어밖에 할 줄 모른다. 마환은 내 영어를 70% 정도만 알아듣고 이를 륵허에게 티베트어와 중국어로 통역해 주었다. 자말은 영어, 중국어, 티베트어를 조금씩 알아듣는 것 같다. 이런 글로벌한 환경 속에서 나는 고스톱 규칙을 설명했다.

우선 승리하기 위해서는 3점이 필요하고 계속은 고, 그만은 스톱, 여기까지는 쉽다. 짝 맞추기도 세 번 정도 설명하니까 곧잘 알아듣는다. 어려운 지점은 바로 피 10개가 1점인데, 그 다음부터는 피 1개당 바로 1점씩 올라간다는 규칙을 설명하는 것이었다. 마환은 "10포인트가 1점이면 2점은 20포인트 아냐?"라고 질문했다. 또한 친구들은 다른 광들은 3점으로 승리하는데 왜 비광은 2점으로 애매하게 승리하지 못하냐고 물어보았다. 나는 그것을 '비광의 슬픔'이라고 설명했다.

쉽지는 않았지만 친구들에게 최선을 다해 고스톱 규칙을 설명했다. 한 시간쯤 지나자 위구르족이 광을 팔고 티베트족이 고를 외치고 한족이 광박을 쓴다. 너무 재밌다. 이 풍경!

저녁에는 륵허가 어디서 가져왔는지 정체 모를 고기를 가

겨왔다. 평소에 말 없는 친구가 츤데레처럼 툭하고 던지는 선물을 모른 척할 수 없었다. 거기서 처음으로 비장의 무기 소주를 꺼냈다. 해외여행을 하며 친구들과 소주를 나눠 마시게 된 계기가 이때였던 것 같다. 우선 최대한 소주를 근사하게 포장한다.

"이것은 소주라고 하는 건데 한국 사람들이 가장 사랑하는 술이야. 물론 고급은 아니지만 몇 병 밖에 가져오지 않아서 보물과 같아. It's my precious! 하지만 너희들을 위해서 줄게. 왜냐하면 너희들은 나의 소중한 친구들이니까."

그리고 한국에서 소주로 인사하는 방법이라고 말하며 '소주잔 돌리기'에 대해 가르쳐 준다. 내 빈 잔을 인사할 사람에게 주고 술을 가득 따르면, 그 사람은 술을 원샷한 후 잔을 나에게 돌려주며 술을 따라주는 것이라고 설명한다.

최근 잔 돌리기는 위생상의 문제와 권위적 분위기라는 이유로 거의 사라졌다. 그래도 특이하고 재미있는 한국만의 모습이고, 외국 친구들에게 가르쳐 주면 너나 할 것 없이 잔 돌리기를 매우 재미있어 한다.

그렇게 해발고도 계기판이 5,000m를 가리키는 티베트고원 어딘가에서 소주와 분위기에 취하며 밤을 지새웠다.

열일곱 번째 여행이 부르는 노래: 순례자 - 이적 ♪♫

18

여행의 끝판왕들이 모이는 그곳

26살, 티베트 라싸의 기억

46시간 동안 달린 기차는 드디어 최종 목적지 라싸역에
도착했다. 라싸는 시짱자치구의 구도로 해발고도 4,500m
에 위치한 고산도시다. 티베트인들은 몇 달 동안 오체투지를
하며 라싸로 순례길에 오른다. 라싸에 도착하면 우선 역대
달라이 라마의 시신이 안치되어 있는 포탈라궁을 오체투지
를 하면서 한 바퀴 돈 후에 조캉사원에서 긴 여정을 마무리
한다.

불과 몇 달 전 포탈라궁의 웅장한 자태와 라싸의 푸른 하
늘만 볼 수 있다면 성공일 것이라고 생각했었는데, 드디어
내가 라싸에 도착한 것이다. 포탈라궁이 보이는 드넓은 광장

에서 기념사진을 한 장 찍고 라싸 시내로 들어갔다.

라싸는 이미 많이 중국화되어 있었다. 포탈라궁의 남쪽으로 펼쳐져 있는 광장도 중국의 천안문 광장처럼 공산주의 국가에서 흔히 나타나는 모습으로 변해 있었다. 무엇보다 안타까웠던 것은 라싸의 많은 거리가 중국의 주요 도시명으로 바뀌었다는 점이다.

라싸 한가운데 있는 길 이름이 '북경로'라니! 이는 마치 일제강점기 우리나라 서울의 한가운데 '동경로'가 있는 셈이다. 라싸에 도착하자마자 중국화된 라싸의 경관변화를 강하게 느낀 후 숙소로 향했다.

무사히 라싸에 도착했다고는 하지만 긴장감이 완전히 사라진 것은 아니었다. 나는 여전히 공식적인 퍼밋이 없는 상태였고, 골목마다 중국 공안이 총을 들고 무서운 표정으로 서 있었다. 공안이 나에게 퍼밋을 요구한다면 그 즉시 추방을 당할 수도 있다. 안 그래도 공기가 희박해서 걷기 힘든 라싸 거리를 공안의 눈치까지 보며 더욱 조심스럽게 걸었다.

다행히도 라싸 구시가에 들어서니 티베트의 원래 모습이 조금씩 드러난다. 정육점에는 야크 고기를 실온에 그대로 매달아서 팔고 있었다. 이곳이 서늘하고 건조한 기후라서 따로 냉동고가 필요 없는 것이다. 그리고 티베트 사람들은 다들 탁견을 하는 것처럼 사뿐사뿐 천천히 걷고 있다. 이 역시 해

티베트의 심장 포탈라궁과 사람들

발고도가 높아서 공기가 부족한 탓이다.

머릿속으로 이런 상상을 해 보았다. 만약 라싸 거리에서 소매치기가 누군가의 지갑을 훔친다면 소매치기도 사뿐사뿐 도망가고 지갑을 빼앗긴 사람도 천천히 쫓아갈 것이다.

이런 말도 안 되는 상상을 하다가 총을 움켜쥐고 있는 공안의 모습을 보고 다시 등골이 싸늘해진다. 어깨에는 45L짜리 트래블메이트 가방을 메고 양손에는 춘천에서 가져온 컵라면, 햇반, 그리고 소주병들을 가득 담은 비닐봉지를 든 채로 걷다 보니 어느새 숙소 '동쵸 호스텔'이 보인다.

호스텔에 도착하니 직원은 퍼밋이 있는지 묻는다. 살짝 당황하긴 했지만 여기서 기가 눌리면 안 된다는 생각에 "나는 칭짱철도 티켓을 사서 베이징에서 라싸로 왔고, 티켓을 사려면 당연히 퍼밋이 있어야 하는 것을 모르냐?"라고 당당하게 말했다. 호스텔 직원은 그래도 중국 공안이 수시로 검사를 하니까 나에게 퍼밋을 보여 달라고 한다.

나는 떨리는 마음으로 베이징 귀락원 조선족 아저씨가 발급해 준 퍼밋을 내밀었다. 직원은 검증되지도 않은 그 작은 종이 쪼가리를 잠시 힐끗 보더니 바로 며칠 묵을 거냐고 묻는다.

아! 천만다행이다. 자신감이 생긴 나는 하루 밤에 얼마냐고 기세 좋게 물었다. 이미 칭짱철도를 타고 오면서 이 호스텔의 가격이 얼마인지 알아 둔 상태였다. 직원은 19위안이라고 했다. 정말 터무니없이 싼 가격이었지만 내가 알고 있는 18위안과는 1위안의 차이가 났다. 나는 기어코 1위안을 깎았고 비로소 동쵸 호스텔에 짐을 풀었다.

사실 말이 호스텔이지 난방을 전혀 하지 않았기 때문에 숙소 밖과 안의 온도가 거의 같았다. 호스텔은 20명씩 남녀 구분 없이 한 방에서 같이 자는 구조였다. 화장실은 외부에 있는 공동 화장실이었지만 다행히 온수가 미약하게나마 졸졸 흘러나오긴 했다.

과연 이 방에는 누가 있을까? 혹시 나를 외국인이라고 신고하면 어떡하지? 공안이 잠입해 있는 건 아니야? 방금 전까지 기세등등했던 나는 양손에 주황색 비닐봉지를 들고서 방 안으로 조심스럽게 들어갔다. 방 안에는 대여섯 명이 난로에 둘러앉아 있었다. 긴장된 마음으로 짐을 침대 위에 올려놓는 그 순간, 모여있던 사람들 중 한 명이 나에게 소리쳤다. "혹시 춘천사람이세요?"

그렇다. 나는 티베트 라싸의 허름한 호스텔에서 춘천 사람을 만난 것이다. 매개체는 바로 춘천에서부터 들고 온 지역 마트 벨몽드의 주황색 봉투. 춘천 사람이냐고 물었던 사람은 대학을 졸업하고 세계여행을 하고 있는 나보다 두 살 형이다. 티베트에서 한국 사람, 그것도 춘천 사람을 만나다니!

춘천 형은 중국에서 3개월 정도 여행을 한 후에 쿤밍에서 승합차 짐칸에 몰래 숨어들어 왔다고 했다. 그 형도 퍼밋은 없다. 옆에 앉은 일본인 여행자는 네팔에서 세르파들과 모종의 거래를 하고 국경을 넘었고, 시가체를 거쳐 라싸로 왔다고 한다. 그도 퍼밋은 없다. 말문이 막히고 어이가 없었다. 내 침대 반대편에는 노란머리 외국인이 불경을 보고 있다. 인사를 하니까 춘천 형이 저 사람은 8개월 동안 묵언수행 중이라고 한다. 이 사람도 당연히 퍼밋은 없다.

그러고 보니 이 방에서 중국인 한 명을 제외한 모두가 퍼밋 없이 티베트에 와 있다. 그나마 내가 베이징에서 칭짱철도를 타고 가장 정상적으로 티베트에 온 사람이다. 다들 여행의 끝판왕들이다.

안도감이 들고 긴장이 풀린 나는 끝판왕들과 함께 난로에 앉아서 여행담을 나누었다. 춘천 형은 라싸에서 춘천 사람을 만나서 너무 반갑다며 야크 스테이크를 사주었다. 야크 스테이크는 야크라는 말을 듣지 않았으면 그냥 스테이크와 구별할 수 없을 것 같았다. 장기 여행가들은 예상 밖의 지출이 부담스러울 수도 있을 텐데 그는 티베트에서 만난 나에게 아낌없이 온정을 베풀었다.

배도 부르고 긴장도 풀린 탓일까? 밤이 되니까 어제 티베트고원을 지나면서부터 조금씩 어지럽고 메스꺼웠던 증상이 점차 심해졌다. 칭짱철도에서 소주를 과음한 탓도 있는 것 같다. 아니면 한 시간 넘게 한족과 소수민족 친구들에게 숨가쁘게 고스톱 규칙을 설명하느라 산소를 너무 많이 써서 인 것 같기도 하다. 침대에 누우니까 고산병 증세가 더욱 심해졌다.

밖과 다름없는 냉기가 느껴지는 방, 삐그덕거리는 침대 위 침낭 속에 들어가 오들오들 떨면서도 식은땀이 주르르 흘렀다. 머리는 깨질 듯이 아프고 코끼리코 100바퀴 정도를 돈 듯 머리가 빙글빙글 돌면서 천장도 휘청거렸다. 이게 말로만 듣던 고산병이구나!

그 순간 신기한 체험을 했다. 육체는 그대로 누워있는 상태에서 정신만 쑥 빠져나와 내가 스스로를 보고 있는 것 같았다. 영혼의 나라 티베트에 와서 말 그대로 진짜 영혼이 될 뻔했다. 고산병의 느낌은 정말 겪어 본 사람만 알 수 있다. 밤새 벌벌 떨면서 헛소리를 해대고 식은땀을 축축이 흘리던 나는 새벽녘에야 지쳐 잠이 들었다.

아침 해가 밝은 후 지훈이가 시장에서 따뜻한 차와 만두, 그리고 고산병에 특효약이라는 약을 사 왔다. 혹시 산소가 부족할까 봐 휴대용 산소호흡기도 사 왔단다. 밤새 죽다 살아나서 아무 기운도 없던 나는 따뜻한 차를 마시고 만두로 허기를 달랬다. 고산병약을 먹으니까 증세가 점차 완화되었다.

그렇게 내가 한 번 발병하면 해발고도가 낮은 곳으로 내려가는 방법밖에 없다는 고산병을 이겨내고, 나머지 티베트여행을 할 수 있었던 것은 바로 친구의 따뜻한 도움 덕분이었다. 고맙다 내 친구 지훈아!

열여덟 번째 여행이 부르는 노래: 배낭여행자의 노래 ♪ 신치림 ♫

고산병에 걸려 산소호흡기 사용 중

19

하늘호수로 떠난 택시

26살, 티베트 양쥐융춰의 기억

원래 최종 목표는 라싸였다. 퍼밋이 없는 외국인 여행자가 도달할 수 있는 한계치가 바로 포탈라궁이 보이는 라싸다. 라싸에서 하루 이틀 지내다 보니 고산병도 점차 나아졌고, 공안들을 마주쳐도 그다지 긴장이 되지 않는다. 욕심이 생겼다. 중국의 손길이 닿지 않은 자연 그대로의 진짜 티베트를 느끼고 싶었다. 나는 결국 라싸를 벗어나 남서쪽으로 200km 정도 떨어져 있는 티베트의 3대 성스러운 호수, 양쥐융춰에 가기로 마음먹었다.

라싸를 벗어나서 티베트의 다른 곳으로 간다는 것은 중국 공안이 있는 여러 검문소를 거쳐야 한다는 뜻이고, 그것은

153

퍼밋이 없는 여행자에게는 매우 위험한 모험이었다. 사실 나는 그다지 용기 있는 사람은 아니지만 가끔씩 무언가 하고자 마음먹으면 끝장을 보는 성격이다. 그 마음먹은 포인트가 대개 생산성 없고 쓸데없는 것인 게 문제지만. 이번 양쯔융춰로 떠나는 여행도 꽤 위험하지만 동시에 너무도 가슴 떨리는 도전이었다.

우선 그곳까지 갈 수 있는 방법을 생각해 보았다. 첫 번째, 걸어가는 것은 아무리 짧게 잡아도 가는 데만 4박 5일이 걸린다. 가뜩이나 해발고도 4,500m 라싸에서도 고산병 때문에 죽을 뻔했는데 6,000m가 넘는 곳을 걸어간다는 것은 현실적으로 무리다. 걷는 건 일단 패스!

두 번째, 택시를 타고 가는 것은 언어가 문제다. 라싸의 택시기사들은 영어를 전혀 하지 못하기 때문에 비용을 흥정하거나 목적지를 제대로 설명하기가 힘들다. 또한 도중에 중국 공안을 만나서 검문을 당한다면 우리가 어디로 가고, 왜 가는지에 대해 설명해야 하는데 그걸 설명할 방법이 없다. 이것도 힘들다. 나는 다른 방법을 찾기 시작했다.

그때 옆 방에서 중국 여행객들이 떠드는 소리가 들렸다. 불현듯 좋은 아이디어가 떠올랐다. 바로 양쯔융춰까지 같이 동행할 중국인 친구를 찾는 것이다. 중국인이라면 공안과의 언어소통 문제는 전혀 걱정 없고 티베트 택시기사와의 소통도 어느 정도 가능할 것이다. 그리고 아무리 중국인이라도 나와 같은 여행가다! 적어도 여행가라면 열린 마음으로 색다른 도전을 할 준비가 되어 있을 것이라고 확신했다. 그 확신은 옆 방에 가는 순간 와르르 무너졌다.

나는 대부분이 중국인인 3번방으로 들어갔다. 내가 들어가니 시끄러웠던 방에 정적이 흘렀다. 바로 본론부터 들어갔다. "나는 한국에서 온 여행자인데 양줘융춰를 가려고 합니다. 나와 같이 택시를 타고 갈 사람이 있을까요?" 그들 중 한 명이 퍼밋은 있냐고 물어본다. 없다고 하니까 그들은 다시 알 수 없는 중국어로 웅성웅성댄다. 그리고 그는 나에게 날카롭고 결정적인 한마디를 내뱉는다. "중국인이 퍼밋 없는 외국인과 여행하다가 공안에게 걸리면 같이 불이익을 받을 수 있어. 너무 위험해."

다른 한 명은 퍼밋 없이 티베트까지 온 내가 수상하다면서 공안에게 당장 신고해야 한다고 협박까지 한다. 상황이 이 지경이 되니까 나는 슬슬 불안해졌고 괜히 호수 한번 보러 가겠다고 설쳤다가 라싸에서도 쫓겨나는 건 아닌지 두려웠다. 그 순간 나의 심정은 마치 제갈량이 오나라에서 적벽대전 참전을 설득하기 위해 수많은 장수들과 참모들에게 둘러싸여 심문받는 기분이었다.

다시 마음을 가다듬고 내가 왜 호수에 가야 하는지, 너희

하늘호수로 떠난 택시

들이 나를 왜 도와야 하는지 차분하게 이야기했다. 다행히 삼고초려 같은 나의 설득이 테란이라는 영어 이름을 가진 중국인의 마음을 움직였다. 결국 나와 내 친구, 2번방을 함께 쓰는 일본인 친구, 그리고 중국인 친구 테란 이렇게 넷이서 택시를 타고 양쥐융춰에 가기로 결의를 맺었다.

테란은 한 시간도 되지 않아 택시 한 대를 섭외해 왔다. 가격은 100위안, 당시 한화 3만원 정도의 금액이다. 아침 일찍 출발해서 해발 6,000m가 넘는 호수에 갔다가 저녁 때 돌아오는 왕복 코스가 이 정도 금액이라면 더 생각할 이유가 없다.

다음 날 아침 드디어 택시는 하늘호수로 출발했다. 라싸를 벗어난 지 10분도 되지 않아 드넓고 아득한 초원이 보인다. 가끔씩 오색 타르초가 바람에 거침없이 나부낀다. 택시는 이내 험준한 고갯길로 접어들었다. 도로는 좁디좁은 2차선 도로였지만, 택시기사는 마치 고갯길에서 드리프트를 하듯 거칠게 택시를 다룬다.

이 보헤미안 택시기사는 평범하게 운전하다가도 가끔씩 심심한지 반대편에서 차가 오면 일부러 그쪽으로 핸들을 거칠게 틀었다. 반대편 차량이 화들짝 놀라서 차선을 변경하면 "저 겁쟁이 자식!" 하면서 껄껄껄 웃는다. 그리고 나서는 한마디 덧붙인다. "지난주에 내 친구 한 명이 양쥐융춰 가다가

낭떠러지에 떨어져서 죽었어." 조그만 택시가 터질 듯이 앉아 있던 우리 넷은 아연실색하며 소리도 지르지 못하고 두려움에 떨었다. 택시 안에서는 너무도 대조적으로 평화로운 등려군의 노래가 감미롭게 울려 퍼진다. 그렇게 몇 번의 치킨게임을 마친 후 목적지인 양쮜융춰에 도착할 수 있었다.

양쮜융춰에 도착하자마자 택시에서 내려 호수로 달려갔다. 가까이서 바라본 양쮜융춰의 색은 비유가 아니라 그냥 말 그대로 에메랄드빛이다. 태양이 비친 호수는 보석 그 자체다.

호수가에는 블랙야크가 웅장한 자태를 뽐내며 서 있다. 낯선 여행자들을 보고 새끼 야크들이 반갑게 꼬리를 치며 다가왔다. 그 모습이 귀여워서 머리를 쓰다듬어 주었다. 그러자 옆에 있던 커다란 수컷 블랙야크가 무시무시한 뿔을 흔들면서 우리를 위협했다. 내가 자기의 새끼를 해치는 것처럼 느꼈나보다. 얼른 송아지에게서 손을 떼고 서서히 뒷걸음질쳤다. 블랙야크는 뿔을 흔들고 앞발로 땅을 몇 번 위협적으로 긁은 후에야 잠잠해졌다.

우리 넷은 택시기사에게 부탁해 양쮜융춰를 배경으로 기념사진을 남겼다. 일본, 한국 그리고 중국 본토에서 각자의 방법으로 여기까지 온 서로의 모습이 대견하고 멋졌다. 테란은 점프를 할 테니 타이밍을 맞춰서 '점프샷'을 찍어달라고

귀여운 야크 송아지

한다. 지훈이는 호수 물을 마셔본다면서 손으로 한 움큼 떠서 들이마셨다가 바로 "우웩!" 하며 뱉는다. 호수 물은 빛깔과는 달리 매우 쓰고 비리다고 했다. 역시 빙하가 녹은 물은 마시면 안 된다는 것을 몸으로 직접 느끼는 진정한 아웃도어 장인이다. 보헤미안 택시기사는 사진 찍고, 점프하고, 호수 물을 뱉는 우리의 모습이 귀엽기라도 한지 씨익 웃으면서 호수 한편에 서서 맛있게 담배를 피운다.

양줴융춰를 좀 더 높은 곳에서 바라보기 위해 호수가 아래로 내려다보이는 산으로 갔다. 그곳에서 오색 빛깔 타르초가 바람에 정신없이 휘날리는 모습, 저 멀리 만년설이 쌓인 닝진캉사평, 그리고 바다같이 푸른 양줴융춰의 모습을 동영상으로 남겼다. 동시에 이 모든 순간을 마음속에 영원히 남겼다.

열아홉 번째 여행이 부르는 노래: 월량대표아적심 ♪ - 등려군 🎵

26살, 티베트 라싸의 기억

티베트의 심장 라싸는 역대 달라이 라마의 시신이 안착된 포탈라궁이 있기에 의미가 있다. 그래서 수많은 티베트인들이 오체투지를 하면서 이곳, 라싸로 순례를 온다.

라싸에 도착한 순례자들은 시계 방향으로 오체투지를 하며 포탈라궁을 돈 후 순례길의 종착지인 조캉사원으로 간다. 조캉사원은 라싸 구시가의 중심에 위치한다. 조캉사원으로 가는 길은 바코르라고 하며 순례객들은 이 바코르 역시 시계 방향으로 오체투지를 하며 돈다.

바코르에는 순례객들과 여행자들이 이리저리 섞여 있어 매우 혼잡하고 양옆에는 각종 상점들이 늘어서 있다. 암묵적으로 순례객들, 여행객들, 상인들 모두 시계 방향으로 이곳을 순례하며 걷지만 그 규칙을 지키지 않는 사람들이 있다. 바로 총을 차고 있는 중국 공안들이다.

바코르를 한 바퀴 돌아 조캉사원 광장에 들어서니 순례객들이 조캉사원의 벽을 향해 절을 하고 있다. 마치 이슬람성전에서 무슬림이 절을 하는 모습과 비슷했다. 일사불란하게 절을 하는 사람들 위로 '바람의 말'이라는 뜻을 지닌 오색 타르초가 무수히 펄럭이고 있다.

바코르 광장 중앙에는 인도 성인과 걸인의 딱 중간의 모습을 한 티베트 할아버지가 앉아 있었다. 나는 그 할아버지 옆에서 두 손을 합장한 채로 사진을 찍었고, 할아버지는 나에게 돈을 달라고 손을 내밀었다. 그 옆에는 공안이 우리 둘을 쳐다보고 있었다.

바코르의 많은 상점 안 물건 중에서 내 눈길을 끈 것은 바로 티베트의 전통 모자였다. 내부는 야크 가죽과 털로 되어 있고 겉은 황금색 배경에 빨간색, 노란색, 파란색 무늬로 꾸며져 있다. 그리고 모자의 창이 네 방향으로 하늘을 향해 있는 것이 특징이다. 라싸에 들어서자마자 많은 사람들이 이 모자를 쓰고 있는 걸 봤다.

그래도 티베트에 왔는데 전통 모자는 하나 쓰고 돌아다니고 싶었다. 내가 원래 흥정을 잘 못하기도 하고 언어도 잘 안

바코르의 세 남자

통해서, 그냥 상인이 제시한 5만 원에 모자를 구입했다. 당시 라싸에서 한 끼에 천 원 정도로 배부르게 먹었으니 굉장히 비싼 모자라고 할 수 있다.

티베트에 있는 동안 어디서나 이 모자를 쓰고 다녔다. 딱 봐도 외국인이 티베트 전통 모자를 쓰고 다니니까 많은 티베트 사람들이 나를 보고 박장대소하며 웃었다. 아마도 우리나라 명동 거리에서 외국인 남자가 트레이닝복 차림에 갓을 쓰고 다니는 모습처럼 보였을 것이다. 덕분에 나는 순박한 티베트 사람들에게 큰 웃음을 주고 다녔다. 나중에 안 사실이지만 이 모자는 장남이 환갑을 맞이한 아버지에게 드리는 선물이라고 한다.

라싸 시내에서 조금 떨어진 세라사원으로 향했다. 사원 근처로 가니 짙은 버건디색의 승려복을 입은 라마교 승려들이 여럿 눈에 띈다. 사원 입구에는 거대한 '마니차'들이 있고 승려들은 마니차를 시계 방향으로 돌리면서 같은 방향으로 돌고 있다.

그들을 따라 마니차를 돌리며 한 바퀴 돈 후에 사원 안으로 들어갔다. 세라사원은 매우 평온하고 조용하다. 담벼락에 앉아서 따스한 햇볕 아래 졸고 있는 고양이의 표정도 매우 평온하다. 사원을 순례객처럼 걸으면서 명상에 잠겨본다.

사원의 담벼락을 따라 산 위에 오르니 라싸의 시가지가 한눈에 들어왔다. 티베트의 상징과 같은 오색 타르초가 바람에 펄럭이고 있었다. 내려오는 길에는 야크 젖으로 만든 천연 요구르트를 한잔하며 라싸 구시가로 돌아가는 버스를 탔다.

라싸 중심지에는 베이징에서 흔히 보이는 중국의 프랜차이즈 음식점이나 마트가 많이 들어와 있었다. 티베트인들과는 생김새, 옷차림부터 다른 중국 한족들이 그들만의 성조를 쓰면서 떠들어댄다. 이미 통계지표상으로도 라싸에 거주하고 있는 한족의 비율이 절반을 넘는다. 중국은 서부 개척의 일환으로 많은 한족들의 이주정책을 펼쳤고, 서부개척의 최전방이라고 할 수 있는 티베트도 당연히 예외는 아니었다.

이렇게 티베트의 중국화는 점차 가속화되고 있다. 라싸의 많은 음식점들의 메뉴판에는 티베트어보다 한자가 더 많이 보인다. 물론 여행자인 내가 메뉴를 읽고 주문하기에는 한자가 편하지만, 티베트어가 점차 사라지고 있다는 사실이 아쉬웠다. 중국과 똑같은 프랜차이즈 가게에서 햄버거를 먹고 있는 라마교 승려의 모습에서 티베트의 중국화와 라싸의 경관 변화의 실체를 확실히 느낄 수 있었다.

'마이자이'는 조캉사원의 중심에 있는 티베트 전통 찻집이다. 클래식한 티베트 상징물들이 곳곳에 전시되어 있고 창밖으로는 바코르 순례객들과 조캉사원 벽을 향해 절하고 있는 사람들이 보인다. 이 풍경을 바라보면서 티베트 전통 음악을 듣고 전통 차를 마시며 진짜 티베트를 느꼈다.

찻집의 종업원은 20대 초반의 티베트 대학교 학생이다. 웬 외국인이 티베트 전통 모자를 쓰고 찻집에 나타나니 그도 호기심이 일었나 보다. 라싸에 무슨 일로 왔냐는 그의 질문에 나는 '중국의 서부개척과 라싸의 경관변화'에 관한 논문을 쓰기 위해 답사를 왔다고 했다. 그는 호기심과 놀라움이 가득한 눈으로 나를 쳐다보며 마치 든든한 우군을 얻은 듯한 표정을 지었다. 그리고는 자기도 지금은 영문학을 전공하고 있지만, 틈틈이 티베트의 역사에 대해 공부하고 있고 자신들의 역사가 잊히지 않도록 더 깊게 공부하고 싶다고 말했다.

그는 옆에 걸려 있는 타르초를 나에게 펼쳐 보이며 거기에 적혀 있는 의미와 티베트의 역사에 대해 하나씩 자세하게 설명해 주었다. 그때 그의 눈은 열정으로 반짝반짝 빛났다.

열렬히 티베트의 역사와 중국의 정책으로 인한 티베트 문화 파괴에 대해 이야기하고 있던 중 중국 공안 몇 명이 찻집으로 들어왔다. 그러자 티베트 청년은 깜짝 놀라며 펼쳐 놓았던 타르초와 티베트 역사책을 탁자 밑으로 숨기고 이내 자리를 떴다. 티베트의 역사와 문화 상실에 대한 우리의 은밀한 대화는 중국 공안의 등장으로 갑작스럽게 중단되었다.

문득 지금 이 순간 중국의 지배를 받고 있는 티베트 라싸

티베트 전통 모자와 타르초

의 상황이 마치 100여 년 전 일제강점기 조선 경성의 모습과 매우 닮아 있다고 생각했다. 아마 종로의 어느 구석 다방에서 대한의 독립과 역사, 우리말에 대해 연구하던 우리 조상들도 갑작스러운 일본 순사의 방문으로 급히 대화를 중단했을 것이다. 나는 그 티베트 애국청년이 설명해 주었던 타르초를 양손에 들고 조선독립군처럼 기념사진을 찍었다. Free Tibet!

스무 번째 여행이 부르는 노래: 그날을 기약하며(뮤지컬 〈영웅〉) - 정성화 ♫

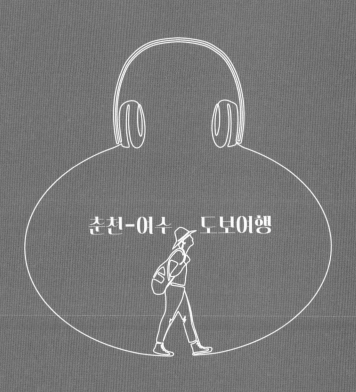

춘천-어수 도보어행

21

내 생애 단 한 번

27살부터 29살까지, 대한민국 서울·춘천의 기억

도무지 어떤 것도 손에 잡히지 않았다. 불과 1년 전까지도 "역사와 사회의 진보에 대한 믿음은 어떤 자동적인 또는 불가피한 진행에 대한 믿음이 아니라, 인간 능력의 계속적 발전에 대한 믿음"이라는 역사가 E.H. 카의 말을 떠올리며 나의 능력, 그것의 진보와 발전에 대한 확고한 믿음을 갖고 있었다. 나는 체 게바라처럼 이상주의와 현실주의를 동시에 꿈꿨다. 신중하지만 자신만만하고 조금 터무니없긴 해도 열정이 넘치는 청년이었다.

그런데 지금 나는 도대체 무엇인가? 3년 가까이 준비했던 대학원 유학 준비는 거의 막바지로 가장 바쁠 때지만 지금 나는 올스톱 상태다. 남들보다 4년이나 늦게 들어간 대학을 휴학 없이 5년이나 다녔지만 이제 반년만 지나면 사회로 내던져진다는 것이 너무 두려웠다.

어마무시한 학비와 생활비, 유학 생활의 외로움, 불확실한 미래 등이 현실로 닥치니 두려움이 쓰나미처럼 밀려왔다. 그 와중에 사귀던 여자친구와 헤어졌다. 처음으로 헤어지자는 통보를 받은 이별은 더 아팠고 안 그래도 낮았던 자존감은 아예 바닥을 쳤다.

아침에 일어나 목이 말라서 차를 마셨다.

차는 향이 중요하다고 하는데,

향이 전혀 없었다.

아니 없다기보다는 비린 향이 났다.

참다 참다 도저히 마실 수 없어서 죄다 버렸다.

문득,

내가 그렇지 않았을까 생각했다.

2011.7.18 am 1:03

캐나다에 위치한 대학원 한 곳에서 연락이 왔지만 나는 결국 그곳에 등록하지 않았다. 어마어마한 등록금 때문만은 아니었다. 유학 생활 자체에 자신이 없었다. 결국 나는 꿈을 또 다시 포기하고 말았다. 2011년 여름의 일이다. 그해 여름은 비가 참 많이 왔다.

유학을 포기하고 졸업을 불과 6개월 앞둔 시점에서 진로를 취업으로 틀었다. 무엇보다 무너진 내 자신을 일으켜 세워야 했다. 자존감과 관련된 책을 많이 읽었고 유명한 사람들의 강연도 많이 들으러 다녔다. 운동도 다시 꾸준하게 하려고 노력했다.

그리고 그해 가을, 대학 선배의 소개로 서울에 있는 한 기업에서 일하기로 했다. 서울에 가서도 책을 꾸준히 읽었고 운동도 빠짐없이 했다. 내 마음 속을 들여다보니 생각보다 많은 미움과 불안이 있었다. 다양한 노력 끝에 진흙탕 같은 내 마음속의 응어리들은 조금씩 잔잔해졌고 그렇게 나는 점점 회복되었다.

내가 일하게 된 곳은 스타트업 회사들이 협력하며 모여 있는 일종의 네트워크였다. 그곳에서는 당시 유명세를 타고 강남 학부모들 사이에서 조금씩 입소문으로 퍼지고 있다는 자기주도학습을 기반으로 한 학습법 컨설팅을 기획하고 있었다.

지금은 학생부종합전형으로 불리는 입학사정관제도가 이제 막 움이 트고 있었고, 새롭게 바뀐 교육제도에서는 어릴 적부터 스스로 공부하는 습관을 들이는 것이 매우 중요했다.

학습법 컨설팅은 당시 엄청나게 많은 수요가 있었지만 그 비용은 상상을 초월했다. 그래서 우리는 학생들이 체계적인 시스템과 상대적으로 저렴한 비용으로 자기주도학습법을 할 수 있게 하는 회사를 설립하게 되었다.

여기서 내가 맡았던 역할은 초기 스타트업의 거의 모든 일이었다. 우선 서초동 법원에서 직접 법인을 설립하고 법인 통장도 만들었다. 구청에 가서 사업자등록증을 받고 로고와 이름을 등록했으며 교재를 만들고 편집하는 아웃소싱 회사와 계약도 했다. 어느 정도 시스템이 갖춰진 후에는 우리 상품을 세일즈하고 파트너십을 맺기 위해 각종 메이저 신문사, 언론사와 미팅을 하고 책임자들 앞에서 가슴 졸이며 프레젠테이션을 했다.

밤새 교재를 편집하고, 새로운 아이디어로 문구를 만들고, 인재 채용사이트에 채용글을 올리고, 자소서를 하나씩 읽다 보니 문득 오랜만에 세포 하나하나가 살아있는 것 같았다. 또한 이렇게 다양하고 새로운 일을 실전에서 하고 있다는 사실이 너무도 뿌듯했다. 그렇게 치열하고 바빴던 초기 창업 준비가 어느 정도 마무리된 후 제법 많은 금액을 투자받을 수 있었고 유명 언론사와 함께 파트너십 계약을 맺었다. 그리고 강남역 바로 옆에 사무실을 얻게 되었다.

그런데 회사가 어느 정도 궤도에 오르자 이상하게도 처음의 열정이 점차 사그라들기 시작했다. 허울뿐인 강남센터장이라는 직함도, 처음보다 두배 이상 오른 월급도 결코 나를 행복하게 하지 못했다.

교육사업이라는 것에 나름의 보람도 느꼈고 교재 작업을 하면서 기획의 매력에 빠졌다. 또한 이루지 못한 꿈, 디자인에 대한 적성을 발휘하면서 잠시나마 행복했다. 창업 초기 각종 전문가들과 미팅을 하면서 나도 잠깐은 전문가가 된 것 같기도 했다. 무엇보다 아무것도 없는 상태에서 나의 손길이 닿으면 상상했던 것들이 점차 현실로 되어가는 과정에 굉장한 성취감을 느꼈다.

그런데 지금 나는 삭막한 강남 한가운데에서 상담이라는 허울 좋은 핑계로 학부모의 불안감을 담보로 한 성적이 반드시 오른다는 거짓말이나 하고 있다. 순간 부끄러움과 불안감이 한꺼번에 밀려왔다. 최선을 다하던 몇 달, 보이지 않던 SNS 속 친구들의 부러운 모습이 이제는 아프게 눈에 들어온다. 그렇게 처음부터 만들고, 기획하고, 홍보했던 회사를 스스로 그만두었다.

회사를 그만둔 바로 그날 인터넷 어딘가에서 새로 나온 버스커버스커의 노래가 참 좋다고 한다. 노래 제목은 '여수 밤바다'. 나는 문득 그 노래를 직접 여수에 가서 밤바다를 보며 들으면 참 행복할 것 같다는 생각을 했다. 회사도 그만뒀겠

도보여행 출발 직전

다, 시간도 많으니까 걸어가야지. 출발지는 가장 아름다운 시절을 사랑하는 사람들과 보냈던, 그래서 내가 가장 사랑하는 도시 춘천이다. 바로 짐을 챙겨서 춘천으로 갔고 친구들과 새벽까지 술을 마셨다.

아직 술과 잠이 덜 깨 비몽사몽한 친구를 깨워, 배낭을 메고 활짝 웃으며 손을 흔드는 모습을 출발 기념사진으로 찍었다. 그리고 죽림동 성당 맨 앞에 비스듬히 앉아 술이 덜 깬 상태로 글을 썼다.

내 생애 단 한 번

문득 지금 이 순간은 단 한 번뿐이라는 것을 느꼈어요. 그래서 이번 도보여행의 제목을 '내 생애 단 한 번'이라고 정했습니다. 마침 제 목적지인 여수에서 열리고 있는 여수 엑스포의 캐치프레이즈도 "내 생애 단 한 번"이네요.

20대의 팔팔한 몸과 생각을 갖고 전국을 횡단하는 것은 지금, 이때가 아니면 할 수 없다는 결심이 든 순간 바로 실행에 옮겼습니다. 머뭇머뭇거리면 생각이 녹슬어버리잖아요.

출발지는 저의 가장 아름다운 시절을 보냈던 춘천으로 정했어요. 어젯밤, 이 곳에서 저와 함께 해줬던 고마운 친구 놈들과 찐~하게 한잔하고 이제 떠납니다.

한걸음 한걸음씩 제대로 고생하고, 느끼고, 배우는 여행이 될 수 있도록 기도해 주세요.
God makes a way!

그리고 나는 여수로 출발했다.

스물한 번째 여행이 부르는 노래: 말하는 대로 ♪ ~ 처진 달팽이(이적&유재석) ♫

22

할 수 있을 텐데가 아니라 지금 당장!

29살, 춘천·가평·남양주·양평·여주·진천·음성·청주의 기억

춘천 시내를 벗어나 북한강 자전거길을 따라 가평으로 향했다. 하지 즈음의 뙤약볕은 너무도 뜨겁고 어깨 위 배낭은 완전행군만큼 무겁다. 하지만 나를 더 힘들게 하는 것은 바로 어젯밤의 숙취다. 정말 마셔도 너무 많이 마셨다.

3차까지 마치고 친구 집에 들어와 4차를 한 기억이 어렴풋이 난다. 그리고 예정대로 7시에 일어나 이 뜨거운 태양 아래를 걷고 있다. 10분에 한 번씩 토하며 걷고 또 걸었다.

땀은 미친듯이 났고 너무 많이 토해서 몸에 있는 수분을 전부 소진한 것 같았다. 발이 나를 끌고 가는지 내가 발을 끌고 가는 건지 모를 정도로 혼이 다 빠진 상태에서 걷다가 문득 이런 생각을 했다. '역대급 숙취로 이번 도보여행을 어렵게 시작했으니까 숙취가 나아지면 점점 덜 힘들어지겠구나.' 정말 그렇게 생각하니까 몸이 점점 괜찮아지는 것 같았다. 참 나란 놈도 이런 말도 안 되는 긍정적인 생각을 하다니. 아직 술이 덜 깬 얼굴로 피식 웃으며 다시 걸었다.

문제는 배낭에 짐을 너무 많이 넣고 온 것이다. 혹시나 하는 마음에 슬랙스와 셔츠를 준비했고 두꺼운 전공서적도 가지고 왔다. 그 외에도 무거운 카메라, 다이어리 등 걷는 데 전혀 쓸모없는 물건들을 많이도 싸들고 왔다.

또 하나의 문제는 내가 햇빛 알레르기가 심하다는 것이다. 6월 중순 햇빛이 가장 강한 시기에 며칠 연속으로 걸으니 아무리 모자를 쓰고 선크림을 발라도 몸에 슬슬 반응이 왔다. 특히 반바지를 입어서 햇빛에 그대로 노출된 허벅지가 수백 마리의 모기에 물린 것처럼 붉게 부어오르기 시작했다.

셋째 날, 청평에서의 아침식사는 도가니가 너무 아파 도가니탕으로 정했다. 소의 도가니가 내 무릎 연골로 가기를 기도하는 마음으로 식사를 한 후 다시 걸었다. 그런데 이날은 전날과 다르게 너무 힘들었다. 이미 다 터져버린 발바닥의 물집이 아픈 것을 잊을 정도로 무릎 연골이 아팠다. 거기다 햇빛 알레르기로 부어오른 허벅지에는 물집들이 서로를 밀쳐내며 터져서 피가 나기 시작했다.

이날은 계획상 청평에서부터 경기도 광주까지 대략 50km 정도의 거리를 걸어야 했다. 문제는 이 길이 지금까지의 북한강 자전거길처럼 평탄하고 순조로운 길이 아니라 대부분 국도의 갓길이나 산길이고 오르막과 내리막도 많은 난코스라는 것이었다.

　해가 저물어 가는 남양주 8차선 도로 갓길을 걷고 있을 때 5km 정도를 잘못 왔다는 사실을 알게 되었다. 다시 돌아가기에 목적지는 너무 먼 곳에 있었고, 이미 절룩거리는 두 다리에는 힘이 들어가지 않았다. 지나치게 무거운 배낭에 하루 종일 짓눌린 어깨는 감각이 없어질 정도였다. 거기서 경로를 바꾸기로 했다. 남서쪽 광주 방향이 아니라 남동쪽 양평 방향, 남한강길 쪽으로 방향을 틀었다.

　지금까지 걷던 속도의 반도 안 되는 걸음걸이로 절룩거리며 겨우 양수리에 있는 한 약국에 도착했다. 오후 9시가 넘은 시간, 나이가 지긋한 약사 할머니께서는 이제 막 문을 닫으려고 하셨다. 닫히는 엘리베이터 문에 발을 밀어 넣듯 겨우 약국으로 들어갔다. 소금기 가득한 얼굴, 피로 얼룩진 허벅지와 절룩거리는 다리로. 그녀는 놀란 표정으로 어쩌다가 이렇게 다쳤냐며 걱정스럽게 물었다.

　"지금 여수까지 걸어가는 중인데 관절이 너무 아파서 도저히 못 걷겠어요. 어떻게 하면 빨리 나아서 내일 아침에 걸

가파른 오르막길을 오르던 중

을 수 있을까요?"라고 말하자 약사 할머니는 소독약과 밴드, 그리고 관절에 바르는 약으로 나를 정성스럽게 치료해 주시며 이 상태로는 내일은커녕 일주일은 지나야 걸을 수 있을 것 같다고 말씀하셨다.

그래도 나는 당장 내일 아침 걸어가야 한다. 근처 응급실이 어디 있냐고 물었다. 그녀는 지금 응급실을 가도 큰 도움은 안 될 거고 하체 기운에 좋은 추어탕을 한 그릇 먹으라고 추천했다. 그리고는 부디 몸 다치지 말고 무사히 목적지까지 잘 걸어가라고 하셨다. 순간 여기가 약국인지 한의원인지 헷갈렸다. 약사 할머니의 따뜻한 치료와 응원 덕분인지, 아니면 정말 추어탕이 주는 신비한 힘 덕분인지는 모르겠으나 다음 날 아침에 일어나니 어느 정도 기운을 회복했다.

넷째 날, 떠날 채비를 하면서 나는 배낭에서 필요 없는 것들을 빼기로 했다. 1,000페이지 정도 되는 무거운 전공책과 그 외 크고 작은 책들, 뜨거운 여름에 어울리지 않는 긴바지, 흰 셔츠, 가죽 구두, 그리고 무거운 카메라 같은 걷는 데 전혀 필요 없는 것들은 모두 박스에 넣어서 집으로 보냈다. 배낭은 1/3 정도로 가벼워졌고, 나의 발걸음은 10배 넘게 가벼워졌다.

내 팔과 다리는 여전히 붉게 부어 있었는데, 남한강 자전거길에서 만난 아저씨가 걱정스러운지 팔토시를 주셨다. 그

걸 하니까 덥지도 않고 햇빛도 막아줘서 완전 신세계였다. 당장 마트로 가서 다리토시도 하나 샀다. 왜 진작 이 생각을 못했을까? 나는 이제 햇빛에도 끄떡없다. 가벼워진 발걸음과 함께 나의 도보여행은 한결 수월해졌다.

여주보를 지나며 남한강에 비친 예쁜 노을을 바라보다가 '아 정말 행복하다.'라는 생각이 불현듯 들었다. 진천육면에 시원소주를 한잔 하니 천국이 따로 없었다. 이름도 생소한 음성군 생극면에서는 200km 걸은 기념으로 어두운 여관방에서 조촐하게 치맥파티를 했다.

오송에서 청주로 걷던 길, 갑자기 트럭 한 대가 갓길에 차를 세웠다. '갓길을 위험하게 걷고 있어서 주의를 주려는 건가?'라는 생각을 하며 아저씨를 멀뚱멀뚱 쳐다보았다.

그는 나에게 대뜸 몽셸 한 박스와 이온음료 한 통을 준다. 자기는 청주를 오가는 택배기사인데 어제도 걷고있는 걸 봤다며 응원하기 위해 차를 돌려 사 왔다고 한다. 그리고 어디에서 어디로 걸어가냐고 물었다. 나는 춘천에서 여수로 걸어가는 중이라고 답했다. 아저씨는 젊음이 너무 부럽다면서 "나도 몇 년만 젊었더라면 이렇게 도전을 해봤을 텐데."라고 아쉬워했다.

많은 사람이 "내가 20대라면, 30대라면, 40대라면 도전할 수 있었을 텐데."라고 말한다. 하지만 결국 아무것도 못하는

여주보의 노을

진천육면과 시원소주

경우가 대부분이다. 하고 싶은 게 있다면 지금 당장 해야 한다는 진리를 다시 한 번 되새긴다.

출발한 지 일주일 만에 충청북도 도청소재지 청주에 도착했고 GPS앱은 300km를 가리키고 있었다. 여기까지 걸으면서 사람들을 마주칠 때마다 "지금 뭐하냐? 어디를 가냐? 어디에서 왔냐?"라는 질문에 대답하는 것이 이제 조금은 귀찮아졌다. 그래서 배낭에 작은 현수막을 직접 디자인해서 붙이고 걷기로 했다.

내 생애 단 한번
춘천 ⇨ 여수

스물두 번째 여행이 부르는 노래: 걷고, 걷고♪ 들국화🎵

내 생애 단 한번

춘 천

여 수

청주부터 배낭 뒤에 붙이고 다녔다.

23

도보여행에서 얻을 수 있는 세 가지

29살, 대한민국 춘천에서 여수까지의 기억1

하루 종일 혼자 10시간 넘게 걷는 도보여행이 도대체 뭐가 좋냐고 묻는 사람들이 꽤 있다. 아름다운 경치를 보면서 함께 감탄할 사람도, 여행의 힘듦을 같이 나눌 사람도 없지 않냐고. 어차피 걸어갔다가 다시 돌아올 텐데 뭐하러 그 고생하면서 걷냐고 핀잔을 주는 사람도 종종 있다. 하지만 도보여행을 하면서 할 수 있는 일, 그리고 좋은 점은 의외로 많다.

우선 각 지역의 맛있는 음식들을 가장 허기지고 지친 상태에서 최고로 맛있게 먹을 수 있다. 아침은 하루 종일 걷기 위한 에너지를 위해 가급적 거르지 않는다. 점심은 간단하게 샌드위치나 편의점 도시락으로 해결한다. 저녁식사는 다르다. 하루 종일 걸으면서 고생한 나를 위한 최고의 보상을 해준다.

뙤약볕에 온몸이 익은 채 터벅터벅 지친 걸음으로 걸을 때도 저녁에 먹을 그 지역의 진수성찬과 술을 생각하며 힘듦을 달랜다. 마치 당나귀의 눈앞에 당근을 매달아 놓고 당근만 보면서 걷게 하는 마부처럼, 오늘의 만찬을 생생히 상상하면서 순간의 고통을 달래며 걷는다. 그렇게 목적지에 도착하면 숙소보다 먼저 찾는 것이 그 지역의 맛집이다.

요즘도 그렇지만 블로그에 소개된 맛집이나 구글 평점이 높은 식당보다는 그 지역 택시기사 아저씨들의 추천메뉴를 더 신뢰하는 편이다. 적어도 내 입맛에는 그렇다. 그렇게 찾아간 현지 맛집에서는 가격 생각하지 않고 푸짐하게 시켜 그 지역소주를 곁들여서 한잔 하면, "캬!" 그날의 피로는 모두 사라진다. 하루 종일 고생한 온몸에는 어느새 행복이 혈관을 타고 흐른다. 바로 이 맛에 도보여행을 다닌다.

초등학교 시절 아버지가 근무하시는 청주에 2주마다 엄마와 함께 놀러 가곤 했다. 그때 자주 가던 곳이 바로 '백로식당'이다. 얇게 저민 돼지고기에 빨간 양념을 버무린 후 사각 불판에 구워서 먹는데, 백로식당의 화룡정점은 바로 '땡밥'이다. 고기를 어느 정도 먹고 나면 사장님이 밥과 각종 야채,

양념통을 들고 오신다. 그리고 고기를 가위로 잘게 자르고 양념과 밥을 함께 쓱쓱 비비고 나서 쿠킹포일로 덮는다. 그 위에 밥그릇을 올려놓고 숟가락을 땡땡 친다. 김이 모락모락 올라오면 먹으면 되는데 그 맛이 꿀맛이었다.

물론 지금은 전국 어디서나 땡밥 같은 볶음밥을 하는 가게를 찾을 수 있지만, 어린시절 추억이 생각나서 청주에 도착하자마자 바로 백로식당을 찾았다.

사실 고추장에 버무린 냉동고기를 숯불도 아닌 휴대용 버너에 굽는 것이 뭐 그리 맛있겠나. 땡밥도 이미 닭갈비의 고장 춘천에서 가지각색의 볶음밥을 경험한 후라 그다지 특별할 것은 없었다. 하지만 맛 자체가 아니라 어린시절 가족과 함께 먹던 음식을 20년이 지난 후에 맛본다는 것이 나를 기쁘게 했다.

두 번째 장점은 바로 하루 종일 음악을 들을 수 있다는 것이다. 나는 1960년대부터 최근 노래까지 국가와 장르, 시대를 구분하지 않고 거의 모든 노래를 즐겨 듣고 좋아하는 편이다. 그러다 보니 지금의 상태와 기분에 따라 노래를 선곡하는 나름의 노하우가 생겼다.

아침에 산뜻한 몸과 마음으로 출발을 준비할 때는 김동률의 '출발'을 듣는다. 여행을 막 떠나는 설레는 마음과 가벼운 발걸음이 느껴져서 나의 여행을 응원해 주는 느낌이다. 컨디

션이 좋아서 경쾌하고 신나게 걷고 있을 때는 김광석의 '바람이 불어오는 곳'을 듣는다. 이 노래를 들으면 시원한 바람이 땀을 씻겨 주는 것 같다. 점심식사 후 잠깐이나마 그늘에서 낮잠을 잘 때는 모차르트의 '클라리넷 협주곡 가장조 2악장'을 듣는다. 듣고 있으면 마음이 평온해지고 나른해지면서 잠도 잘 온다.

걷다 보면 지나간 시간을 후회하며 반성하기도 한다. 그럴 때는 이승환의 '붉은 낙타'를 들었다. 20대의 모습을 묘사한 가사가 마음에 와닿는다. 가끔은 문득 꿈을 포기한 내 자신이 한심스럽기도 하다. 그때는 크래쉬의 '니가 진짜로 원하는 게 뭐야'를 들었다. 신해철의 곡이 원곡이지만 크래쉬의 강렬한 메탈 사운드와 보컬이 정신을 바짝 차리게 하는 데는 더 효과적이다.

꿈에 대한 확신이 필요할 때는 퀸의 'Spread your wings'를 들었다. 가사 속의 새미는 바에서 청소를 하며 사장한테 핀잔이나 듣고 있지만, 더 높은 곳을 꿈꾸고 더 멀리 날아가고 싶어 한다. 이 노래를 들으며 새미와 나를 응원했다. 더 멀리, 더 높이 날자. 날아오르자.

아직 개발이 한창이던 세종시 연기군의 황량한 모습이 마치 미국 서부 캘리포니아의 어느 사막같이 느껴졌다. 그때는 이글스의 'Hotel California'를 들었다. 이렇게 음악을 들으면서 생각을 정리하고 걷다 보면 몸은 피곤하지만 정신은 점점 맑아진다. 명상을 하는 것처럼 내 머릿속 불순물 같은 안 좋은 기억들이 점점 가라앉고 이내 투명하게 변하는 듯했다. 음악을 듣고 명상을 하며 생각을 정리할 수 있다는 것이 도보여행의 장점 중 하나다.

도보여행의 마지막 장점은 다양한 상황에서도 포기하지 않는다는 것이다. 걷다 보면 몸이 아파서 도저히 걷지 못할 상황이 오기도 한다. 산속에서 길을 잃기도 하고 다시 그 길을 돌아가야 하는 상황도 발생한다. 또한 예정된 시간에 목표로 했던 곳에 도착하지 못할 수도, 숙소를 찾지 못해 노숙을 할 수도 있다.

평소 같으면 짜증나거나 힘들어서 포기할 법한 상황이 몰려드는데도, 상황을 하나씩 해결하고 나면 다음 날 다시 힘차게 걸을 수 있었다. 그 이유는 뚜렷한 목표가 있었기 때문일 것이다. 21일간의 도보여행에서의 단 한 가지 목표는 '걸어서 여수에 간다'였다.

'하루에 40km'는 그날의 목표가 된다. 목표와 성과가 눈에 보이니까 성취감도 생긴다. 그 과정 속에서 발생하는 크고 작은 문제는 그저 해결하면 될 것들에 지나지 않는다는 생각이 들었다. 평소에는 생각지도 못한 방법으로 문제를 해결하는 지혜를 체득했고, 그만큼 자신에 대한 믿음과 자존감

세종시 연기군의 황량한 모습

은 점점 높아졌다. 물론 어려움이 생길 때마다 길에서 만난 많은 사람들이 나를 도와주었다.

청주 가는 길에 일부러 차를 세워서 빵과 음료수를 건네주신 택배아저씨, 공주의 작은 시골마을에서 뜨거운 태양 아래 걷고 있는데 "청년 쉬어가."라면서 냉장고에서 수박을 잘라서 주신 할머니들, 햇빛 알레르기에 고생하면서 걷고 있는 나를 위해 쿨토시를 선뜻 내어 주신 여주 자전거길 아저씨, 문 닫기 직전 사람의 몰골이 아닌 상태로 들이닥친 나를 정성껏 치료해 주신 양수리 약사 할머니, 그리고 노숙을 해야했던 나를 재워주고 저녁까지 차려주신 논산 시골마을 할아버지 할머니.

정말 많은 분들이 도움을 주시고 응원을 해 주신 덕분에 문제를 해결할 수 있었다. 그런 고마운 마음 때문에 여행 도중 어느 순간부터 자전거를 타거나 운동하는 사람들과 국도의 갓길을 지나가는 차에게 인사를 하면서 걸었다.

감사합니다 모두들!

스물세 번째 여행이 부르는 노래: Hotel California ♪ – Eagles 🎵

24

나는 지금 여수 밤바다

29살, 대한민국 춘천에서 여수까지의 기억2

셋째 날까지 햇빛 알레르기와 물집, 무엇보다 무릎 연골이 너무 아파 고생을 많이 했다. 하지만 불필요한 짐들을 반 이상 덜어낸 후에는 걷는 게 한결 수월해졌다. 여행을 할 때 짐은 꼭 필요한 것만 챙겨야 한다는 진리를 직접 몸으로 뼈저리게 느꼈다.

얼마나 나이를 더 먹어야 이렇게 철저하게 몸으로 고생하지 않고도 배울 수 있을까? 하지만 이렇게 직접 경험을 통해 배우는 것이 조언이나 간접 경험을 통해 배우는 것보다 훨씬 효과적이라는 것을 이제는 알고 있다.

다시 "춘천⇨여수"가 새겨진 배낭을 메고 뒤꿈치가 조금씩 해져가는 트레킹화의 끈을 조여 맨다. 그리고 아침 해가 뜨지 않은 조용한 새벽녘 겨울철 철새가 남쪽으로 향하듯 걷고, 또 걷는다.

충청북도를 지나 충청남도로 오니까 확실하게 산이 줄어들고 평지가 점점 늘어나는 것이 느껴진다. 평지가 걷기에는 좀 더 수월하지만 왠지 모르게 좀 심심하다. 어제까지는 그렇게 오르막에서 고생했으면서 오늘은 또 오르막을 그리워하는 사람의 마음이란.

걷는 게 조금 익숙해진 여행의 중반쯤이 되어서는 국도의 갓길만이 아니라 조용한 시골길, 강의 둑방길, 산길을 찾아서 걸었다. 물론 그러다 보면 길을 잃을 위험도 있다.

하지만 몇 번 길을 잃다 보니 별로 두렵지 않았다. 오히려 길을 잃는 것도 여행의 한 부분으로 받아들이게 되었다. 도로의 갓길을 벗어나 노란 들꽃이 흩뿌려져 있는 둑길을 걸었다. 마음의 여유가 생기니 자연스럽게 마음속에서 시가 떠오른다.

새로운 길 – 윤동주

내를 건너서 숲으로
고개를 넘어서 마을로

윤동주의 시 「새로운 길」이 떠올랐던 둑방길

어제도 가고 오늘도 갈

나의 길 새로운 길

민들레가 피고 까치가 날고

아가씨가 지나고 바람이 일고

나의 길은 언제나 새로운 길

오늘도...... 내일도......

내를 건너서 숲으로

고개를 넘어서 마을로

   드디어 전라북도 표지판이 보인다. 강원도에서 12일 만에 걸어서 호남 지방에 도착한 것이다. 전라도에 온 기념으로 오늘 저녁에는 삼겹살을 먹기로 했다. 40km 넘게 걸었으니까 삼겹살 3인분을, 소주는 전라북도 지역 소주 하이트를 시켰다. 다음 날 아침에는 익산에서 제일로 유명한 뼈다귀 해장국을 먹고 전주로 향했다.

   금강을 건너서 전주로 걷는 도중 갑자기 '내 생애 단 한 번' 도보여행이 얼마 남지 않았다는 생각이 들었다. 뚜렷하고 명확한 목표를 가지고 하루하루 온몸을 써서 달성하는 과정 자체가 너무 재미있고 짜릿한데, 이제 이 여행이 며칠 남지 않았다고 생각하니 아쉬웠다. 다른 한편으로는 2주 가까이 걷고, 먹고, 자는 일정이 전부였던 여행이 단조롭다는 생각도 들었다.

이런 단조로움에서 벗어나 1박 2일 동안 걷지 않고 마음껏 쉬고 놀면서 여행을 하고 싶었다. 엄홍길 대장이 히말라야에 오를 때도 정상 정복 전에 베이스캠프를 차리고 거기서 재정비하는 시간을 갖기도 하지 않는가? 나는 그렇게 국어시간에 배운 액자식 구성, 몽중몽 구조 뭐 이런 식으로 '여행 중의 여행'을 즉흥적으로 계획했다.

전주에 도착하자마자 시외버스터미널로 가서 군산행 버스표를 끊었다. 아버지의 직장 생활로 잠시 살았던 군산은 서울, 원주에 이어 나의 세 번째 고향이다. 15년 넘게 가지 못했던 군산으로 추억여행을 떠났다.

어릴 적 엄마와 자주 갔던 이성당 빵집은 이제 너무도 유명해져서 줄을 몇 바퀴나 돌고 돌아야 들어갈 수 있었다. 푸짐한 양이 일품이었던 뽀빠이 냉면은 여전했고, 엄청나게 많은 스키다시가 기억에 남던 군산횟집은 내가 혼자 먹기에는 다소 비싼 금액이었지만 뭐 괜찮다. 나는 여행 중이니까!

여수 밤바다를 보기 전 애피타이저처럼 군산 밤바다를 보며 잠시나마 몸과 마음의 휴식을 취했다. 전주에 와서는 비빔밥이나 한정식 대신 맥도날드 빅맥을 먹었다. 이유는 그냥 빅맥이 그날따라 너무 먹고 싶었기 때문이다. 그래도 전주에 왔는데 빅맥만 먹고 떠나기는 아쉬워서 전주 객사 주변을 걷다가 콩나물국밥이 생각났다. 사람이 너무 많은 '삼백집' 대신 그 옆집 '삼백냥'으로 갔는데 나름대로 만족스러웠다. 그렇게 하루를 온전히 쉬고 놀면서 재충전했고 다시 짐을 꾸려 임실로 향했다.

임실에 거의 다다르자 관촌이란 지명이 나왔다. 2003 수능 국어 지문에서 많은 수험생들을 괴롭혔던 『관촌수필』의 관촌이 바로 여기였구나. 임실치즈마을에서 지정환 신부님의 치즈피자를 먹고 남원으로 향했다. 몽룡과 춘향의 도시, 남원에 오니 이상하게 감성포텐이 터져서 지난 사랑과 이별에 관련된 노래들을 리스트업해 본다.

남원에서 구례로 가는 길은 일부러 지리산 둘레길의 일부를 거쳐서 둘러갔다. 이유는 없다. 그냥 지리산 둘레길을 좀 걷고 싶었다. 시간이 좀 지체되었고 비까지 내린다. 다행히 비가 폭우로 변하기 전에 둘레길을 벗어나서 구례로 향하는 국도로 진입할 수 있었다. 비가 쏟아지자 영화 〈말아톤〉에서 코치 선생님이 초원이에게 한 말이 떠올랐다. "마지막이 되면 비가 올 거야. 비가 오면 달리기 쉬워질 거야."

비가 미친듯이 쏟아지는 국도길을 백만 불짜리 다리를 가진 초원이처럼 달렸다. 한여름에 비를 흠뻑 맞으면서 달리니까 야생 늑대가 된 기분이었다. 어차피 주변에는 아무도 없었고 해가 져서 어둑어둑했다. 나는 영화 〈인투 더 와일드〉의 주인공 크리스토퍼처럼 하늘을 향해 하울링 소리를 내며 울부짖었다. 가슴이 터질 듯 숨이 찼지만, 너무 행복해서 가슴이 터져버려도 좋을 것 같았다.

그렇게 속옷부터 양말까지 모두 흠뻑 젖은 채로 구례 읍내의 한 허름한 중국집에 들어가 바삭한 탕수육에 뜨끈한 짬뽕 국물을 시켰다. 차갑게 비워져 있던 위장이 금세 따뜻하고 기분 좋게 차올랐다. 내 앞에는 자연스럽게 전라남도 지역 소주 잎새주가 놓여 있었다.

구례에서 순천으로 가는 날에도 비가 많이 내렸다. 전국이 장마 영향권에 들어선다고 한다. 조금 더 발걸음을 재촉해야 했다. 순천 시내에 들러서 비 오는 소리를 들으며 굽네치킨을 먹고 맥주를 마셨다. 생각해 보니 이제 딱 하루 남았다.

3주 동안 크게 다치지 않고 무사히 여행을 하게 된 것에 감사했고, 아직까지 한 번도 버스커버스커의 '여수 밤바다'를 듣지 못했다는 사실에 감사했다. 신기하게도 치킨집, 식당, 길거리 등 그 어디에서도 노래를 듣지 못했다.

아침 일찍 순천을 벗어나 여수로 향하는 22번 국도로 걸어 나갔다. 도로 표지판에는 "여수세계박람회장"이라는 글

여수 시청 앞의 트래블메이트

씨가 보인다. 여전히 하늘은 구름이 가득하지만 빗줄기는 점점 옅어지고 있다. 해가 지기 전 바다가 보이기 시작했다.

여수다. 여수에 도착했다. 내가 춘천에서 여수까지 걸어서 도착했구나! 여수 시청에서 기념사진까지 찍었지만 아직 목표를 완전히 달성한 것은 아니다. 다시 배낭을 메고 여수 구항 쪽으로 향했다. 이미 깜깜해진 돌산대교를 건너 돌산공원에 올라 이순신 광장 쪽을 바라보며 편의점에서 산 맥주를 한 모금 들이켰다. 그리고 '여수 밤바다'를 들었다.

스물네 번째 여행이 부르는 노래: 여수 밤바다 ♪ ~ 버스커버스커 ♫

돌산대교와 여수 밤바다

25

비제의 베리스모 오페라처럼

29살, 여수 밤바다의 기억

눈앞에는 소박하면서 아름다운 여수의 야경이 펼쳐졌다. 학익진처럼 펼쳐진 여수 구항을 바라보며 그동안 한 번도 듣지 못했던 '여수 밤바다'를 들었다. 21일 동안 치열하게 걷고 또 걸어서 결국 목표를 달성한 것이다. 말로 표현할 수 없는 눈물이 흘렀다. 스스로 목표를 세우고 순간순간의 어려움을 해결하면서 결국은 해냈다는 사실에 마냥 행복했다.

하지만 동시에 너무 허탈했다. 심지어 우울한 마음까지 들었다. 21일 동안 '여수 밤바다를 걸어서 보러 간다'는 뚜렷하고 강렬한 꿈을 지니고 있었지만 힘들게 목표를 달성한 순간 나의 꿈은 먼지가 되어 사라져 버렸다. 꿈에 도달한 그 순간,

꿈의 상실을 경험한 것이다.

이런 허탈함을 이겨내기 위해서 다르게 생각해 보았다. 꿈을 꾸고 있는 바로 그 순간, 평범한 노력을 하는 고된 하루하루가 바로 행복 그 자체일 수 있다는 생각이다. 목표도 중요하지만 각각의 과정 자체에서 행복을 찾는다면 나의 행복은 계속 유지될 것이다.

21일 만에 걸어서 도착한 여수는 2박 3일 동안 머물기로 했다. 마침 여수해양엑스포가 열리고 있었고 여수는 미식가의 고장 남도답게 맛있는 음식이 넘쳐났기 때문이다.

여수엑스포에는 여러 국가의 전시관이 있었다. 아마존 열대우림 같은 곳에서 카누를 타면서 기념사진도 찍고, 오만 왕국 전시관에서는 키 크고 멋진 전통 복장을 입은 귀족같이 생긴 직원에게 금색으로 된 오만왕국의 배지를 선물 받기도 했다.

가장 기억에 남는 기념관은 일본 기념관이었다. 다른 기념관과는 달리 일본 기념관은 입장을 원하는 사람들에게만 15분 단위로 시간을 끊어서 입장티켓을 나누어 주었다. 그리고 시간이 되면 "12시 입장하실 분들 여기로 오시기 바랍니다."라고 안내해 주었다.

이런 시스템은 한번에 너무 많은 사람이 몰리지 않게 하는 효과가 있을 뿐 아니라 일본관에는 무언가가 있을 것 같다는 기대심리를 주었다. 여러 가지 의미로 일본은 여기서도 참 일본답다고 생각했다.

여행의 마지막 밤 만찬은 특별한 지역 음식으로 하고 싶었다. 역시 지역 맛집은 택시기사 아저씨에게 물어봐야 한다. 여수 택시기사 아저씨들은 구수한 전라도 사투리로 서대회를 추천해 주셨다. 해질 무렵 보랏빛 노을이 잔잔하게 비치는 남해바다 근처 야외 포장마차에서 여행의 마지막 만찬을 기다렸다.

내가 시킨 음식은 여수에서 많이 나는 서대회를 초고추장에 버무린, 쉽게 말해 회무침 같은 요리다. 원래 뼈가 목으로 넘어가는 느낌이 걸리적거려서 세꼬시를 별로 좋아하지 않지만, 여행의 묘미는 일상과 다른 낯섦을 경험하는 것 아닌가! 서대회의 까칠한 느낌을 느끼면서 여행의 묘미를 색다르게 느꼈다. 역시나 오른쪽에는 내가 지역 소주 중 가장 사랑하는 잎새주와 함께!

바닷소리를 들으며 여행의 마지막 순간을 즐기고 있는데 옆 테이블에서 술잔을 기울이고 있는 두 남자가 왜 혼자 쓸쓸하게 술을 마시냐면서 합석하자고 한다. 혼자 하는 여행의 또 다른 묘미가 바로 여기에 있다. 혼자만의 시간을 즐길 수 있으면서도 여행 도중 우연히 새로운 사람들을 자유롭게 만날 수 있다.

남해바다 포장마차에서 서대회와 잎새주

당시는 방송국 파업이 한창일 때였고, 그분들도 정직을 당한 여수 MBC 직원분들이었다. 우리는 여수 밤바다의 파도 소리를 배경음악 삼아 소주잔을 주고받았으며 우리나라의 정치·사회·경제·교육 문제에 대해 심도 있는 대화를 나누었다.

다음 날 아침 나는 허름한 여인숙 바닥에서 눈을 떴고 머리는 깨질 듯이 아팠다. 이번 여행의 처음과 끝이 이렇게 수미쌍관처럼 같을 수가! 속에서부터 터져 나오는 강렬한 메스꺼움을 움켜잡고 장어탕으로 해장을 하러 갔다.

다시 일상으로 돌아가는 방법은 그 당시 가장 빠른 KTX-산천으로 정했다. 3주 동안 걸어온 거리를 3시간도 안 걸려 돌아간다니. 새삼스럽게 교통의 발달에 놀라움을 느끼고, 기차표의 가격이 5만 원도 하지 않는다는 사실에 또 한 번 놀랐다. 왜냐하면 내가 21일 동안 걸어오면서 지출한 금액은 숙박비, 식비, 장비 구입비 등을 더해서 거의 100만 원에 육박하기 때문이다.

순간적으로 어이가 없어서 웃음이 났다. 그것은 KTX보다 20배 비싼 비효율적인 여행에 누구보다 진심이었던 나 자신에 대한 웃음이었다. 그리고 이런 내가 마치 베리스모 오페라의 비제 같았다.

베리스모 오페라는 부랑자, 노동자, 광대 같은 서민들의

KTX 열차에 비친 여수엑스포 캐치프레이즈

땀 냄새와 치정, 복수의 이야기를 미화하지 않고 표현하는 이탈리아 오페라의 한 장르다. 대표적으로 오페라 〈카르멘〉이 있다. 비제가 1875년 파리에서 〈카르멘〉을 초연했을 때 사람들은 이 작품을 완전히 외면했다. 당시 오페라의 내용은 대부분 상류층과 멋진 사람들의 이야기였다. 사람들은 굳이 창녀, 집시를 주연으로 한 폭력, 살인 등을 저지르는 자극적인 이야기를 극장에서 보고 싶어 하지 않았다.

비제는 〈카르멘〉이 초연된 후 몇 달 지나지 않아 생을 마감했다. 하지만 그로부터 불과 15년 후 베리스모 오페라 장르는 이탈리아에서 큰 인기를 끈다. 〈카르멘〉이 베리스모 오페라의 효시가 된 셈이다. 비제는 결국 자신만의 독특한 스타일을 인정받았다.

KTX를 타고 창 밖의 빠르게 지나가는 풍경을 보며 남의 시선을 과도하게 의식하며 사는 '자아 부재의 시대'에 남의 시선을 의식하지 않는 나를 칭찬해 주었다. 한 번뿐인 인생 자신이 옳다고 생각한 것을 지조 있게 밀고 나가는 예술가의 삶을 살아야겠다고 다짐했다.

물론 비제와 같은 불우한 삶이 아니라 생을 마감하기 전 나의 이 독특한 예술성이 언젠간 세상에 발휘되기를 간절하게 바라면서!

스물다섯 번째 여행이 부르는 노래: 오페라 〈카르멘〉의 서곡 ♪ - 비제 ♫

오페라 〈카르멘〉 공연 포스터

토포필리아 영국

26

오! 런던, 나의 사랑

24살, 영국 런던의 기억

나의 첫 여행지는 캐나다 유학 시절 갔던 토론토다. 가장 기억에 남는 여행지를 묻는다면 항상 티베트라고 말한다. 하지만 지금까지 여행하면서 가장 많이 갔던 곳이 어디냐고 묻는다면 국가는 영국이고, 도시는 런던이라고 답한다. 또한 지금 당장 어디로 가고 싶냐고 묻는다면 나는 아마 1초도 망설이지 않고 "영국, 런던!"이라고 답할 것이다.

그만큼 나는 영국과 런던을 사랑한다. 그 이유가 뭔지는 솔직히 잘 모르겠다. 첫 유럽여행에서 시작과 끝이 런던이었기 때문일 수도 있고, 런던의 명물 빨간색 2층버스와 너무 비싸서 한 번밖에 타보지 못한 런던의 블랙캡을 유난히 좋아해서일 수도 있다. 아무튼 나는 런던이 배경인 영화는 빠짐없이 보고, 유럽축구 중에서 영국 프리미어리그를 가장 즐겨본다. 맛없는 영국 음식의 대표적인 메뉴인 피시앤칩스도 나는 너무 좋아한다.

첫 유럽여행을 다녀온 후에 런던을 너무 다시 가고 싶었다. 런던 히드로공항이라도 가고 싶어 비행기표를 검색해 보던 중 마침 취소된 표, 일명 '땡처리' 항공권이 눈에 들어왔다. 통장잔고는 70만 원, 티켓은 59만 원이었다. '설마 노숙이야 하겠어?'라는 생각으로 티켓을 결제했고 나는 다음날 런던에 도착해 있었다.

다른나라 여행 중에도 영국인을 만나면 그의 강렬한 영국 억양에 빠져들곤 했다. 캐나다 사촌 여동생이 "나는 영국 남자와 결혼하는 게 꿈이야. 아침에 일어나서 남편이 근사한 영국 억양으로 '굿모닝!' 해 주면 마냥 행복할 것 같아!"라고 말하던 것과 비슷하게 아무 이유 없는 맹목적인 사랑인 것 같다.

런던에서 시작한 나의 첫 유럽여행은 유럽대륙을 한 달간 시계 방향으로 한 바퀴 돌고 난 후, 다시 도버해협을 건너 런던으로 이어졌다.

한 달 만에 돌아온 런던은 새삼 또 달랐다. 처음에는 런던 아이와 빅벤을 사진기로 찍기 바빴지만 이제는 템스강을 걸

런던의 상징 빅벤과 빨간 2층버스

으며 그 모습을 눈과 마음에 담았다. 시끌벅적한 런던 뒷골목의 작은 펍에 들어가 축구경기에 환장하는 동네 훌리건들 사이에서 같이 환호를 지르며 경기를 봤고, 처음 갔을 때 좋았던 장소는 다시 한번 가 봤다.

타워브리지는 다시 봐도 정말 환상적이다. 런던 템스강의 타워브리지가 파리의 에펠탑, 로마의 콜로세움, 뉴욕 자유의 여신상보다 훨씬 멋지고 좋다. 이쯤 되면 나는 정말 영국과 런던을 좋아하다 못해 편애하는 것 같다. 나중에 유명해지면 유튜브 '영국남자'에 출연해 보는 게 꿈이다.

또한 런던은 훌륭한 작품들이 세계 최대의 규모로 전시되어 있는 대영박물관과 내셔널갤러리가 완전히 무료다. 토니 블레어 총리 때부터 무료로 개방했다고 하는데, 예술작품에 전혀 관심이 없었던 내가 나중에는 직접 돈을 내고 미술관이나 박물관에 가는 계기가 되었다.

개인적으로 대영박물관보다는 내셔널갤러리가 더 마음에 들었다. 물론 대영박물관에는 정말 많은 전시품과 예술작품이 전시되어 있고 크기와 웅장함에 압도되기는 한다. 하지만 전시품들을 보면 영국이 과거 제국주의 시절에 여러 나라의 문화를 약탈하고, 그것들을 마치 전리품처럼 전시해 두었다는 생각이 머리를 떠나지 않았다.

반면 내셔널갤러리는 아늑한 분위기에서 다양한 미술작

품을 관람할 수 있다. 모네 같은 인상파 화가들의 작품을 보며 따뜻함을 느낄 수 있고 고흐의 유명한 작품들도 눈에 잘 들어온다. 그밖에 생소한 작품들도 하나씩 천천히 걸으면서 관람하면 시간 가는 줄 모른다. 부디 브렉시트가 되더라도 계속 무료 관람이길 간절히 바란다.

런던 하면 또 빠질 수 없는 것이 바로 뮤지컬이다! 아무리 뉴욕의 브로드웨이가 규모적으로 성장했다 하더라도 런던 뮤지컬의 헤리티지를 따라올 수는 없다. 우선 '메이드 인 런던' 오리지널 뮤지컬이 참 많다. 〈오페라의 유령〉에서부터 영화로 제작되어 인기를 끈 〈레 미제라블〉, 아바 노래로 전체 스코어를 꾸민 〈맘마미아〉, 영화로 개봉한 〈캣츠〉, 그 외에도 〈미스 사이공〉, 〈에비타〉, 〈지저스 크라이스트 슈퍼스타〉 등 수없이 많은 유명한 뮤지컬 작품이 런던에서 탄생했다.

첫 뮤지컬은 캐나다 토론토여행을 하며 관람한 〈맘마미아〉였다. 그때 〈맘마미아〉를 보며 큰 감동을 받았고 뮤지컬의 매력에 흠뻑 빠졌다. 그러고는 반드시 뮤지컬의 본고장 런던에 가서 뮤지컬을 보겠다고 다짐했다. 그래서 런던에 도착하자마자 가장 먼저 간 곳은 뮤지컬 〈빌리 엘리엇〉을 공연하는 빅토리아역이었다.

〈빌리 엘리엇〉은 영국 중부 지방의 쇠락해가는 탄광마을

뮤지컬 〈빌리 엘리엇〉을 공연하는 빅토리아 팰리스 시어터

이 배경이다. 남성성의 상징인 권투를 시키려는 아버지와 우연한 기회에 발레를 접하며 자신의 적성을 발견한 아들 빌리의 갈등을 축으로 내용이 진행된다. 결국 아버지는 빌리의 발레에 대한 열정과 능력을 인정하게 되고 빌리는 왕립 발레 스쿨에 들어간다.

빌리가 오디션을 보는 장면에서 어린 소년이 우아하게 발레를 하며 부르는 'electricity'란 곡을 들으면 온몸이 저릿해지는 전율이 느껴진다. 비록 런던에서의 첫 뮤지컬은 넉넉지 못한 주머니 사정 덕에 비좁은 2층 구석자리에서 봤지만, 나는 2시간 넘게 열정적으로 춤을 추고 노래를 부르는 어린 빌리에게 한시도 눈을 떼지 못했다. 마지막 장면에서 빌리는 춤을 출 때 몸에 전기가 흐르는 것 같은 전율이 느껴진다고 말한다. 빌리처럼 내가 하고 싶은 일을 열정적으로 하고 싶었다.

아마 처음 뮤지컬을 봤을 때 했던 생각과 다짐이 무의식 속에 온전히 남아서 지금까지도 나를 열정으로 이끌고 있을 거라 믿는다.

스물여섯 번째 여행이 부르는 노래: Electricity ♪ ~ Musical Billy Elliot ♬

27

흐린 명동 하늘을 보며 오아시스를 꿈꾸다

29살부터 30살까지,

대한민국 서울과 영국 맨체스터·리버풀의 기억

유난히도 흐린 5월 어느 날, 대낮인데도 태양은 두껍고 시꺼먼 구름 사이에서 나올 생각이 없다. 회사를 그만두고 앞길이 막막한 30대를 앞둔 청년 백수의 마음 역시 깜깜한 먹구름 속이다. 맑은 날도 햇빛이 잘 들지 않는 노량진 원룸에서 밤새 자기소개서를 쓰다가 찌뿌둥해진 몸뚱이를 이끌고 일단 밖으로 나갔다. 3천 원에 삼겹살토핑이 가득한 컵밥으로 배를 채운 뒤 발길이 향한 곳은 바로 길상사. 평소 존경하던 법정스님이 최근 돌아가시기도 했기에 산책도 할 겸 가기로 했다. 마침 오늘은 '부처님 오신 날'이다.

성북동 산자락에 위치한 길상사는 기품이 있으면서 다채로운 매력이 있다. 길상사는 원래 대원각이라는 고급 요정이었는데, 평소에 법정스님을 존경한 요정 주인이 7,000여 평의 땅과 40여 채의 건물을 시주하여 절로 세워졌다는 것은 유명한 일화다.

부처님 오신 날이라서 그런지 길상사에 엄청난 인파가 몰렸다. 수많은 사람들을 뚫고 대웅전 건물 왼편 조그만 건물에 들어가서 잠시 명상을 했다. 시끌벅적한 바깥과는 달리 안은 고요와 정적이 흐른다. 마음속의 불안과 기대, 미움과 사랑을 조용히 들여다보니 차츰 마음이 평온해진다.

다시 인파를 뚫고 발길이 향한 곳은 명동거리. KFC에서 새롭게 출시한 치킨버거를 먹기 위해 왔다. 그러고 보니 부처님 오신 날 절에 갔는데 아침은 돼지고기, 점심은 닭고기…. 나의 육식 본능, 나는 스님이 되기는 틀렸다.

명동거리는 평소와 다름없이 사람들로 빽빽하다. 지하철 환승역처럼 사람들이 맞닿아서 걷고 있다. 비가 조금씩 내리기 시작하자 수많은 사람들과 그 위로 하나둘씩 펴지는 우산들, 그리고 흐리다 못해 어두컴컴한 대낮의 하늘이 묘하게 어우러졌다.

문득 지금 눈앞에 보이는 장면이 영국 맨체스터 출신 밴드 오아시스의 노래와 참 잘 어울릴 것 같다고 생각했다. 서안

해양성기후로 일 년 365일 중 300일 이상 비가 오거나 흐린, 축구 빼고는 별 볼일 없는 회색빛 맨체스터와 음울하면서도 매혹적인 오아시스의 노래 'Let there be love'.

그 순간 영국 맨체스터로 가서 아무 일정 없이 하루 종일 오아시스의 노래만 들어도 참 행복할 것 같았다. 그곳은 지금 여기보다 훨씬 더 흐리고 구름은 무겁겠지. 오아시스의 기타리스트이자 작곡가 노엘 갤러거도 이런 흐린 하늘을 보면서 노래를 썼겠지. 생각에 생각이 꼬리를 물자 어느덧 나는 영국 맨체스터에 가 있었다. 그날 나는 일기장에 1년 후 영국, 맨체스터에 갈 것이라고 썼다.

그리고 그로부터 1년 3개월 후, 나는 지금 오아시스의 노래가 나오는 헤드셋을 귀에 걸친 채로 멘체스터 킹스트리트에 서 있다.

여름의 맨체스터는 프리미어리그 경기가 열리지 않아서 축구경기를 볼 수 없다. 그 대신 잉글랜드 최고의 명문구단 맨체스터 유나이티드의 올드 트래퍼드와 당시 신흥 강자로 군림하고 있는 맨체스터시티의 에티하드 스타디움을 둘러보았다. 특히 올드 트래퍼드의 경기장투어는 세계의 다른 구장의 투어보다 확실한 체계를 갖추고 있었고, 전문 가이드가 붙어서 경기장의 이곳저곳을 안내해 주었다. 맨유의 팬이라면 한 번쯤은 가볼만 하다.

맨체스터의 흐린 하늘

내가 한국 사람인 걸 알아본 가이드 누님은 박지성이 쓰던 라커룸과 그의 흔적이 남은 여러 시설들, 그가 맨유에 남긴 소중한 기록들을 차근차근 설명해 주었다. 한국인으로서 또 지성이 형의 팬으로서 매우 자랑스러운 순간이었다.

경기장을 나와서 맨체스터의 거리를 그저 걸었다. 때로는 목적지가 어딘지 모를 트램을 타고 하염없이 떠돌아다녔다. 귀에는 오아시스의 음악이 흐르고, 하늘은 1년 전 명동 하늘만큼이나 새까맣고, 빗방울은 우중충하게 트램 창문에 흩뿌려졌다.

오아시스는 이미 오래전 해체했기 때문에 이제 그들의 콘서트를 보는 방법은 없다. 그들의 음악과 성격에 영향을 주었던 맨체스터에서 그들의 음악을 듣는 것이 지금으로서는 오아시스 음악을 가장 제대로 듣는 방법이 아닐까 싶다. 그렇게 1년 전 내가 상상했던 그 모습으로 하루 종일 맨체스터에서 오아시스의 음악을 들었다.

맨체스터와 노스웨스트 더비로 유명한 랭커셔 지방의 또 다른 도시, 리버풀로 향했다. 맨체스터와 리버풀은 과거 석탄공업이 활황을 이루었던 시기의 대표적인 공업도시였지만 석탄산업이 하향길로 접어들면서 둘 다 쇠퇴했다. 리버풀은 항구도시로서 대영제국시대 전 세계 무역량의 절반가량을 차지했다. 맨체스터 역시 리버풀과 연결되어 있어서 내륙의 물자나 자원을 수송하는 결절지로서의 역할을 담당하며 두 도시는 상생의 길을 걸어왔다.

두 도시의 관계가 틀어지게 된 계기는 항구의 물류비용이 부담이 된 맨체스터가 이를 절감하기 위해서 리버풀을 거치지 않고 바로 바다로 수송할 수 있는 운하를 건설하면서부터다. 맨체스터 운하는 리버풀에게 크나큰 타격이 되었고, 양 도시 간의 적대감은 맨체스터 유나이티드와 리버풀FC 간의 축구 대리전으로 표출되기 시작했다. 두 도시는 프리미어리그뿐만 아니라 유럽 전체에서도 대표적인 축구 라이벌로 손꼽힌다.

리버풀로 향하는 기차 안에서도 내 귓가에는 오아시스의 노래가 끊이지 않는다. 기차를 탈 때는 'She's electric'이나 'Some might say' 같은 신나고 경쾌한 곡이 잘 어울린다. 사실 리버풀은 영국의 전설적인 밴드 비틀스의 고향으로 유명하다. 영화 〈Yesterday〉에서도 갑자기 세상 모든 사람들이 비틀스를 기억하지 못하자 오아시스 역시 사라져 버린다. 하지만 비틀스에게 가장 많은 영향을 받고 자란 밴드가 오아시스라고 의미부여했다.

비틀스의 멤버 폴 메카트니의 이름을 딴 매튜스트리트에서 그의 영혼과 닮은 곡 'Stand by me'를 들었다. 도입부의 강렬한 기타 소리와 허스키하다 못해 이렇게 부르다가는 곧

성대결절이 올 것만 같은 리암의 목소리가 너무도 잘 어울리는 곡이다. 펍에 앉아 맥주를 시켜놓고 이 노래를 몇 번씩 반복해 듣는데 내 옆에 여자 셋이 앉는다. 동양인 혼자 맥주를 마시며 노래를 듣는 모습이 처량해 보였는지 나에게 말을 건다.

자기들은 웨일스 카디프에서 온 학교 선생님들인데 비틀스가 너무 좋아서 리버풀에 왔단다. "오! 나도 한국에서 온 선생님이야! 근데 나는 오아시스를 좋아해!" 그녀들은 왜 맨체스터로 안 가고 리버풀에 왔냐면서 비틀스가 없었으면 오아시스도 없었을 거라는 비틀스 부심을 부린다.

음악으로 공감대를 형성한 우리는 같이 맥주를 마시고 사진도 찍었다. 그러다가 흥이 오른 내가 "여긴 답답하니까 밖에 나가서 춤추는 게 어때?"라고 갑작스러운 제안을 했다. 우리는 펑키음악이 가득 찬 매튜스트리트 한가운데서 신나게 춤을 추며 멋진 밤을 즐겼다.

스물일곱 번째 여행이 부르는 노래: Stand by me ♪ - Oasis ♫

비틀스를 온몸으로 느낄 수 있는 매튜스트리트

28

Jisung Park is my friend!

24살, 영국 런던 그리고 맨체스터의 기억

유럽을 한 바퀴 돈 후에 다시 영국으로 돌아왔다. 그 이유
는 바로 맨체스터 올드 트래퍼드에서 맨체스터 유나이티드
의 프리미어리그 경기를 보기 위해서다. 잉글리시 프리미어
리그 2006~2007 시즌은 박지성이 챔피언스리그에서 대활
약을 하고 네덜란드 에인트호번에서 맨유로 이적한 바로 다
음 해였다. 그는 비록 작년에 많은 골을 기록하지는 못했지
만 엄청난 활동량으로 점점 출전 시간을 늘리며 주전 측면
공격수로 성장하고 있었다.

맨유의 유니폼 스폰서기업이 보더폰에서 AIG로 바뀐 첫
해, 클래식한 하얀색 글씨와 V넥이 매력적인 맨유 유니폼을

한국에서 미리 구입했다. 왼쪽 팔에는 프리미어리그 사자 패치, 그리고 등 뒤에는 No.13 Jisung Park을 프린팅했다. 경기티켓도 미리 구해 보려고 했지만 맨유, 리버풀, 첼시 같은 프리미어리그 인기팀의 티켓 구매 대행은 터무니없이 비쌌다.

이미 유니폼을 사느라 많은 돈을 쓰기도 했고, 그냥 영국에서 직접 티켓을 구해 보자는 생각으로 일단 출국했다. 당시 빅4 맨유, 첼시, 아스날, 리버풀 같은 인기팀 경기티켓은 오픈되자마자 거의 매진이 되었다. 반면 빅4가 아닌 팀의 홈경기는 비교적 쉽고 저렴하게 구할 수 있었다. 그래서 처음 유럽에 도착하자마자 런던을 연고지로 하는 웨스트햄과 맨유의 경기를 보러 갔다.

웨스트햄 홈구장에서 맨유저지를 입고 관중석 한가운데 앉아 박지성의 이름이 불리길 간절히 바랬지만 각종 야유와 손가락 욕, 깡통 세례를 맞았을 뿐 지성이 형의 이름은 교체 명단에도 없었다. 그래서 영국으로 다시 들어가기 전 프랑스 파리에서 반드시 맨체스터의 홈경기티켓을 구하기로 마음먹었다. 제발 교체 선수로라도 출전하길 바라면서 일주일 후 맨체스터 홈구장에서 하는 애스턴 빌라와의 경기티켓을 구하기로 했다.

공식 홈페이지에 들어가 보니 일주일 후 경기는 당연히 매진이었다. 암표라도 구해야 하나 생각하고 있던 중, 티켓을 공식적으로 구할 수 있는 방법을 알게 되었다. 바로 티켓 교환 사이트 '비아고고'다. 우선 티켓을 구매하고자 하는 구단의 멤버십을 가입해야 사이트에 가입이 된다. 비록 단 한 경기를 보기 위해서 멤버십을 가입하는 게 아까울 수도 있지만 터무니없는 가격으로 암표나 구매 대행을 하는 것보다는 이 방법이 훨씬 저렴하면서도 확실하다고 생각했다.

사이트에 가입한 후에는 경기 날짜, 경기 팀, 좌석 위치, 가격이 명시된 리스트를 확인하고 구매하면 된다. 다행히도 1월 13일 맨유와 아스톤 빌라전 티켓이 한 장 보인다. 위치는 너무 가깝지도 멀지도 않아서 경기를 한눈에 볼 수 있는 'South Stand Upper', 가격은 39파운드. 이거다! 매 순간순간 다른 티켓들이 하나씩 사라지고 있다. 주저하는 순간 끝이다. 나는 마치 엠씨더맥스 콘서트 티켓팅을 할 때처럼 빛과 같은 스피드로 클릭했고 꿈에 그리던 올드 트래퍼드행 티켓을 얻을 수 있었다.

런던에서 맨체스터로 빠르게 달리는 기차에서 바라본 풍경은 윈도우 바탕화면처럼 온통 초록빛이다. 한겨울에도 이렇게 푸른 잔디를 보면서 '일 년 내내 이런 좋은 상태의 잔디를 유지할 수 있는 환경에서 세계 최고 수준의 축구리그가 탄생했구나.'라는 생각을 했다.

맨체스터의 첫 인상은 도시가 온통 회색빛이라는 것이었다. 런던에 비해 어둡고 칙칙한 빛깔의 건물이 많이 보였고 도시가 쇠퇴하고 있는 것 같았다. 이렇게 낡고 작은 도시에 맨체스터 유나이티드 같은 세계적인 명문구단이 있다는 것이 놀라웠다.

축구의 도시답게 축구베팅 가게들이 눈에 많이 들어왔다. 확률이 높을수록 배당률이 낮은데 '맨유의 승리'는 배당률 1.2배, '루니가 첫 골을 넣는다'는 배당률 2배, 이런 식이었다. '박지성이 첫 골을 넣는다'는 무려 배당률 1:250이었다. 오늘도 박지성이 출전하기는 힘들겠다는 생각을 했다.

트램을 타고 트래퍼드 쪽으로 갔다. 올드 트래퍼드 경기장에 가까워질수록 빨간색 맨유의 유니폼을 입은 사람이 점점 늘어난다. 나 역시 가슴 한가운데 AIG가 새겨진 이번 시즌 새 유니폼을 입고 그 빨간 대열에 합류했다. 내 등 뒤에는 No.13 Jisung Park이 선명하게 새겨져 있다.

예매한 티켓을 찾은 후 호날두와 루니가 그려진 경기장 앞에서 기념사진을 찍고 있는데, 갑자기 누가 나에게 다가와서 같이 사진을 찍자고 한다. 런던에서 왔다는 빌은 자기는 맨유 팬이고 특히 박지성의 팬이어서 유니폼에 그의 이름을 새겼다면서 자신의 등 뒤에서 새겨진 No.13 Jisung Park을 보여 주었다. 알고 보니 빌도 나와 같은 기차를 타고 왔고 맨유

06/07 시즌 맨유 유니폼

유니폼을 입은 나를 런던역에서부터 봤다고 한다. 나 역시 반가워하며 그와 함께 사진을 찍었다. 그리고 오늘 꼭 박지성이 선발 출전하기를 함께 기원했다.

올드 트래퍼드 안은 웅장하면서도 명문 구단의 전통이 느껴진다. 경기장의 가장 윗부분 한가운데에 새겨진 "Sir Alex Ferguson"은 맨유가 얼마큼 퍼거슨 감독을 존경하는지와 그가 있기에 지금의 맨유가 있음을 보여 준다. 전광판에 껌을 쫙쫙 씹고 있는 퍼기 경의 모습이 비치자 경기장에는 환호소리가 터지며 긴장이 점점 고조된다.

웅장한 음악과 함께 장내 아나운서가 유나이티드 선발 출전 선수 이름을 부르기 시작했다. 1번 골키퍼 반데사르부터 이름이 불린다. 퍼디낸드, 게리 네빌 등 수비수들도 한 명씩 불리고 미드필더 스콜스, 마이클 캐릭의 이름이 울려 퍼진다. 당시 최고의 공격수 호날두, 루니도 불린다. 제발, 제발!! 그때 장내 아나운서가 크게 소리친다 "No.13 Jisung Park!!" 너무도 놀랍고 기뻐서 한국말로 소리쳤다. "헐, 대박!" 유니폼에 새겨진 No.13 Jisung Park을 본 주변에 있는 팬들도 나를 축하해 주었다. 이번 시즌 첫 선발 출장이 바로 지금 내가 있는 올드 트래퍼드에서라니!

경기는 시작했고 맨유의 응원가 'Glory glory Man United' 노래가 끊임없이 울려 퍼졌다. 그러던 중 전반 13분, 박지성이 결정적인 찬스를 잡았다. 오른쪽 니어 포스트에서 공을 잡고 수비수에 걸려 한 번 넘겨졌지만, 다시 공을 잡아서 턴을 하고 수비수를 한 명 제친 후 그대로 오른발 슛을 날린다. 골!!! 너무 순식간에 벌어진 일이라서 한 2초 정도 멍을 때리다가 열광하는 주변 사람들의 환호에 나도 같이 미친듯이 소리를 지른다. 오오오오오오오오!!!!! 박지성이 첫 골이라니!! 첫 선발 출장한 경기에서, 그것도 내가 보러 온 오늘 경기에서!! 심장이 터져 버릴 것 같았다. 흥분한 나에게 축하를 건네는 영국인들에게 목이 터져라 외쳤다. "Jisung Park is my friend!!"

너무 시끄러워서 제대로 들렸는지 또 제대로 말했는지도 알 수 없으나, 그들은 영국 발음으로 "Brillant"를 외치고 나의 등짝을 후려 패면서 축하해 준다. 뭐 어떠냐. 한국이 고향이고, 한국말 하고, 한국 음식 맛있게 먹으면 다 친구 아니냐! 하긴 지성이 형은 나보다 세 살 많으니까 그냥 형이라고 할 걸 그랬다.

지성이 형은 그렇게 첫 골을 넣었고 결정적인 어시스트로 두 번째 골을 만들었다. 또한 결정적인 인터셉트와 패스를 해서 세 번째 골에도 기여했다. 90분 동안 매 장면마다 최고의 활약을 펼친 지성이 형은 이 경기에서 'MOM', 맨 오브 더 매치에 선정되었다. 그리고 한국에서 온 지성이 형의 동생은

주모를 하도 많이 불러서 목이 다 쉰 채로 얼큰하게 '국뽕'에 취했다.

경기를 마친 올드 트래퍼드에는 비가 내리기 시작했다. 하지만 차가운 비도 뜨거운 승리의 열기를 식힐 순 없었다. 트램은 빨간 옷을 입은 맨유팬들로 가득 찼고, 맨체스터 시내로 가는 내내 마치 관광버스처럼 들썩들썩거렸다. 한 청년의 입에서 시작된 승리의 찬가 'Glory glory Man United'는 어느새 경기장에서보다 훨씬 더 큰 소리로 트램 안과 밖으로 울려 퍼졌다.

지금 이 분위기는 '2002 월드컵 4강 신화' 딱 그때의 분위기다. 여기에 사는 사람들은 매주 이런 분위기를 느낄 수 있겠구나! 너무 부러웠다. 그렇게 한동안 트램 안에서 노래하고, 뛰고, 소리치다 보니 겨울인데도 불구하고 온몸이 땀으로 흠뻑 젖었다.

맨체스터 시내에 도착하자마자 스포츠 펍으로 향했다. 맨유가 3 대 1로 승리한 직후라 사람들이 너무 많아서 도저히 안으로 들어갈 수가 없었다. 겨우 맥주 한 잔을 들고 나와 거리를 활보하며 외치는 사람들 속에서 승리의 찬가를 함께 부르며 시원하게 들이켰다.

이 열기를 그대로 식히기는 아까워 맥주를 더 사기 위해 마트로 갔다. 빨간 옷을 입은 내가 들어서니 마트의 몇몇 사람들이 양손을 들어 올리며 "유나이티드"를 외친다. 이렇게 마트 안에서도 승리의 세리머니가 계속 펼쳐진다. 맥주를 계산대 앞에 놓으니까 카운터를 보는 할머니도 내 옷을 보며 "오늘 축구 어떻게 됐어?"라고 물어본다.

역시 축구의 나라, 축구의 도시답다. 나는 할머니에게 자신 있게 유니폼 뒤 백넘버를 보여 주며 "나는 한국에서 왔는데 오늘 박지성이 첫 골을 넣고, 어시스트하고, 오늘의 선수에 선정됐다!"며 마치 손자가 할머니한테 자랑하듯 이야기했다. 할머니는 자기도 박지성을 좋아한다면서 한국에서 온 손자를 진심으로 축하해 주었다. 잠시 사그라들었던 국뽕이 또다시 차올랐다.

맥주를 사서 방에 들어오니 룸메들은 이미 한잔 하고 있었다. 역시나 이들도 오늘 경기를 보러 맨체스터에 온 일본, 홍콩, 중국 여행자들이다. 내가 No.13 Jisung Park이 새겨진 맨유저지를 입고 방에 들어서니, 나머지 세 명은 환호를 지르며 오늘의 승리를 이끈 박지성이 대단하다면서 축하해 주었다. 그리고 자기 나라 선수들도 박지성처럼 맨유 같은 명문 팀에 뛰면 좋겠다며 나를 부러워했다. 그 순간 내가 한국인이라는 게 너무 자랑스러웠고 국뽕은 이제 차오르다 못해 넘쳐흘렀다.

신나게 흥을 돋우며 맥주를 마시고 있는데 불현듯 축구배

팅 가게에서 봤던 '박지성 첫 골 1:250'이 생각났다. 그때 만약 딱 만 원만 재미 삼아 걸었으면 250만 원을 딸 수 있었을 텐데! 이 이야기를 룸메들에게 하니까 중국 친구가 도대체 왜 안 걸었냐면서 중국 선수가 맨유에서 뛴다면 자기는 100만 원도 걸었을 거란다.

뭐 괜찮다. 처음으로 올드 트래퍼드에서 직접 맨유 경기를 봤고, 지성이 형이 첫 골을 넣어줘서 너무도 기쁜 하루를 보냈기 때문에 괜찮다!

음, 그래도 250만 원은 좀 아깝긴 하다. 그건 세금도 안 뗀다고 하던데….

스물여덟 번째 여행이 부르는 노래:
Glory Glory Man United ♪ - Official Anthem 🎵

29

왜 동양인들은 혼자 여행을 못해?

31살, 스코틀랜드 에든버러의 기억

창밖으로 며칠 동안 흐린 구름에 가려져 있던 파란 하늘과 고풍스럽고 웅장한 에든버러성이 보인다. 스코틀랜드식 표현이 영어 위에 당당히 적혀 있는 이곳은 스코틀랜드 에든버러 올드타운에 위치한 호스텔이다.

방 안에 느긋하게 누워서 내가 지금 왜 여기, 스코틀랜드의 정치적 중심지 에든버러에 와 있을까 곰곰이 생각했다. 사실 스코틀랜드는 낯설고 여행지로 그다지 매력적인 곳은 아니었다. 물론 세계 최대의 문화축제 '프린지 페스티벌'이 에든버러에서 열리지만 나는 페스티벌에 대해 몰랐고, 페스티벌의 시작도 내가 에든버러를 떠난 이후였다.

이제 막 프린지 페스티벌을 준비하고 있는 분주한 거리를 음악을 들으며 여유롭게 걸었다. 스코틀랜드 전통 복장을 하고 백파이프를 연주하고 있는 거리의 악사 옆에서 사진도 한 장 찍었다. 그리고 스타벅스에 들어가서 내 이름 River가 아닌 Ruver로 잘못 적힌 콜드브루를 마시면서 내가 왜 에든버러에 왔는지 다시 한 번 생각해 보았다.

내가 에든버러로 온 이유는 아무래도 스스로를 '잉여인간'이라고 부르는 네 명의 청춘들이 만든 독립영화 〈잉여들의 히치하이킹〉인 것 같다.

이 영화는 같은 대학 영화과를 다니던 대학생 네 명이 대학을 그만두고 무작정 유럽으로 떠나는 장면으로 시작된다. 이들은 전공을 살려 유럽의 숙소 홍보영상을 만드는 것은 별일 아니라 생각했고, 홍보영상들을 통해 숙식을 제공받으며 유럽에 무한대로 머문다는 황당하지만 기발한 생각을 하게 된다. 덧붙여서 영국의 신인 뮤지션을 발탁해 그의 데뷔 뮤직비디오를 찍어 주고, 이 모든 일련의 과정을 영화로 만든다는 장대한 계획을 세운다.

처음에는 이들의 영상을 원하는 숙박업소는 없었다. 돈이 다 떨어진 이들은 프랑스 파리에서 이탈리아 로마까지 걷고 히치하이킹을 하면서 갖은 고생을 한다. 하지만 결국 로마 호스텔 홍보영상 하나가 대박이 나면서 유럽 숙박업소에서 일약 스타가 된다.

이들은 이제 이탈리아 로마뿐만 아니라 터키, 영국에서까지 홍보영상 관련 일을 제안받는다. 이 중 가장 좋은 제안을 한 스코틀랜드 에든버러에 가게 되고, 그 업체에서 준비한 비행기표 덕분에 그들은 더 이상 걷거나 히치하이킹을 하지 않아도 된다.

"현실이 너무 현실 같아서 지금 이 상황이 꿈같다." 영화 속 그들과 내가 닮았기 때문일까, 주인공의 이 대사에 꽂혔다. 네 명의 잉여들은 홍보영상으로 잠시 잘나갔지만 어느새 현실의 벽을 마주했고, 그들과 마찬가지로 나 역시 그런 경험이 있는 청년이었다.

내가 머무르고 있는 에든버러 호스텔은 6인실, 남녀가 함께 사용하는 도미토리룸이다. 처음 도미토리룸을 이용했을 때 방 안에 여자 둘이 옷을 갈아입고 있어 놀란 기억이 있다. 오히려 내가 깜짝 놀라 얼굴이 빨개진 상태로 문을 닫고 나갔다. 동서양의 문화 차이인지 아니면 내가 보수적인 건지 모르겠지만 그래도 이제는 어느 정도 신경 쓰지 않고 지낼 만하다.

내 침대 위에 있는 웨일스 출신 리즈는 이제 막 고등학교를 졸업했고 대학을 가기 전에 세 달 정도 유럽을 여행하기로 했단다. 유럽에서는 고등학교 졸업 직후 여행을 떠나는

'갭이어'가 굉장히 보편적이다. 어쩌면 이런 여행이야말로 진정한 의미의 나를 찾는 여행이라는 생각이 들었다. 내 맞은편 침대를 쓰던 미국에서 온 마이클은 회계사이며 일이 너무 힘들고 쉴 틈이 없어서 회사를 그만두고 잠시 유럽에 여행을 왔다고 한다.

다른 쪽 침대를 쓰는 독일 청년과 그의 애인으로 추정되는 또 다른 남자는 에든버러가 너무 좋다면서 특히 로컬 펍의 분위기가 최고라고 한다. 그러면서 오늘 밤 호스텔에서 진행하는 '펍 크롤링'에 꼭 같이 참여하자고 한다. 펍 크롤링은 호스텔 게스트들이 같이 모여 주변 술집을 돌아다니면서 술도 마시고 함께 놀기도 하는 거의 모든 유럽 호스텔에 있는 문화다.

맥주의 나라 독일에서 온 게이커플은 에든버러의 펍 크롤링이 유럽에서 최고라고 입을 모은다. "그럼 오늘 밤 나도 갈게!"라고 흔쾌히 말했더니 다들 조금 놀랍다는 듯이 나에게 말했다. "너는 동양인인데 우리와 같이 노는구나. 나는 지금까지 봤던 동양인 중에 너처럼 혼자 여행을 다니면서 서양인들과 어울리는 사람을 본 적이 없어." 다소 편협한 경험으로 동양인을 일반화하는 말이긴 했지만, 어느 정도는 수긍이 가는 말이었다. 그동안 여행을 하다가 만난 동양 사람들은 대부분 친구 둘이나 셋이서 여행을 하고 있었다.

어느새 에든버러 호스텔에서는 '왜 동양인들은 혼자 여행을 하지 못하는가'의 주제로 방구석 토론이 펼쳐졌다. 나는 "아마도 동양인들이 주변의 시선을 많이 신경 쓰기 때문에 혼자 여행하는 것을 꺼리지 않을까?"라고 이야기했다. 단적인 예로 내가 가르치는 학생들에게 혼자 여행을 간다고 말하면 가장 먼저 나오는 말이 "선생님! 그럼 혼밥해야겠네요?"였다고. 그들은 그게 정말 고등학생들 입에서 나온 말이냐고 놀란 듯 되묻는다.

오하이오 출신 마이클은 "그건 아마도 동양인들은 자신을 사회집단에 소속되어 있는 일부라고 생각하는 반면, 서양인들은 개인 스스로를 독립된 인격체로 생각하기 때문일 것이다."라고 다소 심오한 이야기를 한다. 그밖에도 일부 동양인들이 여행의 순간을 즐기기보다는 대포 같은 렌즈가 달린 사진기를 들고 사진 찍기에만 열중하는 모습, SNS에 사진을 올리는 것에 집착하는 모습, 다른 외국인들과는 친구가 되려 하지 않는 모습을 각각 이야기했다.

이제 막 고등학교를 졸업한 웨일스 출신 리즈가 "그건 동양인들이 영어에 자신감이 없어서 아닐까?"라고 이야기했다. 나는 "사실 나도 영어를 그렇게 잘하는 편은 아니지만 너희들과 이렇게 이야기할 수 있는 이유는 틀리는 것을 두려워하지 않기 때문인 것 같다."라고 답했다. 그러자 다들 "그럼

너는 왜 안 그래?"라고 물었고, 나는 "그래서 아마 내가 한국에 친구가 없나봐. 재수 없잖아."라고 대답했다. 나의 발언에 다들 웃는다. 역시 자기비하 개그는 만국 공통인 것 같다.

해가 저물자 좀비처럼 자고 있던 다른 게스트들도 하나둘 잠에서 깨어나 호스텔 내에 있는 펍으로 모였다. 커다란 스크린에는 네덜란드 출신 EDM DJ 하드웰이 뛰면서 디제잉을 하고 있고 'Tomorrow Land' 영상이 나온다. 펍에 앉아 있던 여행자들은 신나는 EDM비트에 하나둘씩 자리에서 일어나 춤을 췄고 나도 그동안 홍대와 강남, 이태원에서 갈고 닦은 'Feel대로 춤추기'를 그들에게 선보였다.

그 어디서도 보지 못했던 춤사위, 때로는 격정적으로 때로는 흐느적거리듯이 느낌이 가는 대로 춤을 췄다. 이 녀석들 처음에는 신기한 듯 날 쳐다보다가 이내 내 춤 동작을 따라한다. 그리고 또다시 나에게 외쳤다. "봤지? 너 같은 동양인은 본 적이 없어. 너 최고야!" 나는 한 손에는 기네스맥주를, 다른 한 손에는 말보로 한 개비를 든 채로 더, 더, 더 비트에 몸을 맡겼다.

저녁 9시가 넘자 슬슬 2차로 움직이는 분위기다. 클래식한 벽돌 바닥으로 이루어진 언덕을 지나 제법 큰 규모의 펍으로 들어가니까 이미 많은 사람들이 있었다. 주변 호스텔의 게스트는 전부 여기에 모인 것 같다. 대화 소리, 주문하는 소리, 음악 소리가 너무 시끄러워서 큰 소리로 귀에 소리쳐야 겨우 말을 알아들을 정도다. 그렇게 2차, 3차 펍 크롤링을 하고 새벽이 3시가 넘어서야 숙소에 들어왔다.

다음 날 12시가 훌쩍 넘어서야 눈을 떴다. 이상하게 기분이 너무 좋고 그렇게 개운할 수가 없다. 평소 이렇게 늦잠을 자면 하루가 반쯤 도둑맞은 것 같은 불쾌한 기분이 드는데, 이렇게 기분이 좋다니. 그 순간 게으름의 상징인 늦잠이 여행 중에는 다음 날을 위한 재충전의 시간이 될 수 있다는 생각을 했다.

지나친 합리화일 수도 있지만 이런 '낙관적 수용성'이 무엇보다 내가 여행을 좋아하는 이유인 것 같다. 어쩌면 런던 피커딜리서커스의 답답한 교통 체증도 여행자에게는 런던 시민의 러시아워를 직접 체험해 보는 추억일 수도 있겠다.

술이 덜 깬 멍한 상태로 이런 개똥철학을 마음속으로 되뇌이며 다시 짐을 챙겼다. 다음 목적지는 영국의 최남단 세븐 시스터스, 영화 〈잉여들의 히치하이킹〉의 감독이자 주인공이 가장 좋아하는 뮤지션 아르코의 뮤직비디오를 만들기 위해 무작정 계획 없이 떠난 곳이다. 그 거대하고 하얀 석회암 절벽과 네 명의 잉여인간들을 만나기 위해 나는 무작정 남쪽으로 향했다.

스물아홉 번째 여행이 부르는 노래: Alien♪ - Arco ♫

30

캠던에 울려 퍼지는 영국의 앤섬

31살, 영국 레이크 디스트릭트·런던의 기억

에든버러에서 출발해 영국 남쪽으로 향하는 기차는 영국의 낭만파 시인 워즈워스가 영감을 얻었다는 레이크 디스트릭트를 지나고 있었다. 웨일스 카디프행 기차 안에서 음악을 들으며 풍경을 바라보다가 문득 예전에 베트남에서 했던 여행의 일탈이 생각났다. 그건 바로 목적지에 도착하기 전 마음에 드는 곳이 보이면 무작정 내리는 것!

6년 전 베트남에서는 호이안의 예쁜 풍경에 반해 무작정 내렸는데, 이번에 내 마음을 움직인 건 순전히 영국의 대시인 워즈워스의 명성 때문이다. 레이크 디스트릭트는 워즈워스뿐만 아니라 러스킨, 셸리 같은 수많은 시인과 작가들에게 영감을 주었다고 하니 나도 이곳을 여유롭게 걸으면 멋진 시상이나 영감이 떠오를 것만 같았다. 그렇게 나는 레이크 디스트릭트와 가장 가까운 윈더미어역에서 무작정 내렸다.

아무런 정보도 없이 내린 터라 그저 사람들이 많이 타는 버스를 탔고 사람들을 따라 걸었다. 하지만 시끌벅적한 인파로 영감은커녕 제대로 음악을 듣기도 어려웠다. 가족 단위로 놀러 온 사람들이나 대규모로 야유회를 즐기는 사람들은 낭만파 시인이 영감을 얻은 이곳에서 바비큐 파티를 하며 왁자지껄 떠들고 있다.

18세기의 고즈넉하고 조용한 분위기를 상상했는데 기대와는 전혀 다른 모습이었다. 그렇게 나지막한 언덕길을 거닐며 시상이 떠오르면 적으려고 꺼냈던 종이수첩과 펜을 다시 가방에 넣은 후, 사람이 비교적 없는 언덕에 누워 풍경을 바라보았다.

이제 여유롭게 조용한 음악이나 들으면서 낮잠이나 자야겠다는 생각을 하는 순간 비가 쏟아진다. 그렇게 10분도 지나지 않아 성급히 누워 있던 자리를 박차고 일어났다. 그리고 비에 젖은 채 버스를 타고 마을로 들어가 조그만 식당에서 허기진 배를 채우고 다음 기차를 기다렸다.

카디프행 기차에 올라타면서 내가 워즈워스처럼 감수성이 풍부하지 못하다는 것과 똑같은 장소라도 사람마다 느끼는 게 다르다는 것을 알게 되었다. 그리고 무엇보다 명성만 좇아서 여행을 하면 안 된다는 것을 깨달았다.

계획에도 없던 레이크 디스트릭트에서 반나절 이상을 보냈기 때문에 카디프에서의 일정은 짧아졌고, 카디프로 온 이유인 솔즈베리 스톤헨지도 버스 시간을 놓치는 바람에 결국 못 갔다.

단 한 번의 선택으로 많은 것들을 놓치게 되어 조금 속상하긴 했지만 괜찮았다. 여행이 계획대로 되면 마음은 편하지만 재미는 없다는 걸 지난 여러 번의 여행을 통해서 배웠으니까. 그렇게 생각하니 남은 여행에서 또 어떤 재미있고 다이나믹한 일들이 벌어질까 기대되기 시작했다.

2년 만에 돌아온 런던은 여전히 사람들로 붐비고 복잡하지만 여전히 클래식하고, 멋지고, 너무도 사랑스럽다. 세계에서 손에 꼽을 정도로 많은 관광객이 방문하는 런던은 남들은 모르고 나만 아는 '숨겨진 맛집' 같은 매력은 없다. 하지만 런던은 몇 대에 걸쳐 그 맛을 유지하고 전통을 지켜 나가는, 다소 불친절하지만 자신만의 고집이 있는 유명한 노포 같은 매력이 있다.

이번에 런던을 온 이유는 두 가지다. 하나는 생일을 맞아 스스로에게 선물한 뮤지컬 〈레 미제라블〉 공연을 보기 위해서다. 영화로는 이미 여러 번 봤고 뮤지컬로도 봤지만 〈레 미제라블〉은 꼭 런던 캐스팅 오리지널로 보고 싶었다.

처음 런던에서 뮤지컬 〈빌리 엘리엇〉을 볼 때는 2층의 비좁은 구석자리에 앉아 있었지만, 이번엔 스스로에게 주는 생일선물이니까 마음먹고 '플렉스'했다. 주인공 장발장의 표정이 보일 정도로 무대와 가까운 R석이다.

빅토르 위고의 원작 〈레 미제라블〉의 런던 오리지널 캐스팅 공연은 달랐다. 뮤지컬 공연장 앞에 그려진 흑색, 적색, 흰색이 강하게 어우러진 코제트 그림이 시선을 압도했고, 공연이 시작되지 않은 무대에서는 형언할 수 없는 아우라가 느껴졌다.

첫 곡 'Look down'부터 시작된 전율은 1막이 끝나는 'One day more'에서 절정으로 치달았다. 2막에서 남녀 주인공 마리우스와 코제트의 사랑노래와 장 발장이 사랑하는 딸을 위해 부르는 노래에서는 감동의 눈물이 흘렀다. 마지막 'Do you hear the people sing'을 끝으로 순식간에 3시간이 흘렀고 나 포함 객석의 모두가 일어서서 무대를 향해 끊임없는 박수를 보냈다. 커튼콜이 여러 번 반복되며 귀가 먹먹해질 때까지 극장에는 박수소리가 끊이지 않았다.

런던에 온 또 다른 이유는 바로 〈잉여들의 히치하이킹〉 속에 비친 영국의 최남단 세븐시스터스다. 영화 속에 나오는 새하얗고 거대한 석회암 절벽, 빠르게 차오르는 밀물과 등대

뮤지컬 〈레 미제라블〉을 공연하는 피커딜리서커스 퀸즈 시어터

의 모습을 내 눈에도 담고 싶었다.

런던 브리지역에서 브라이튼까지 가는 기차를 타고 다시 이스트본까지 버스를 탔다. 꽤 유명한 관광지치고 사람이 많이 없고 조용해서 도보여행하기에는 딱 좋았다.

버스에서 내려 7개의 거대한 석회암 절벽이 바다와 맞닿아 있는 세븐시스터스를 향해 걸어갔다. 이날은 영국답지 않게 구름 한 점 없는 파란 하늘을 볼 수 있었다. 한 발씩 세븐시스터스에 가까워질수록 초록색 잔디와 파란색 하늘, 그리고 짙푸른 바다와 대비를 이루는 하얀 석회암 절벽이 점점 눈에 들어왔다. 네 가지 색이 완벽한 조화를 이룰 때쯤 나는 거대한 절벽 위에 서 있었다. 양팔을 벌려 하늘을 향했다. 지금 이 순간 여기 있다는 사실이 무척이나 행복했다.

무엇보다 세 달 전, 영화를 보면서 언젠간 꼭 가봐야지 했던 장소에 진짜 오게 되었다는 사실이 신기했다. 파울로 코엘류의 소설『연금술사』에 반복해서 나오는 "무언가 간절하게 바라면 반드시 이루어진다."라는 구절이 떠오르는 순간이었다.

런던에서의 마지막 밤은 좀 특별하게 보내고 싶었다. 그해 초 우연한 계기로 한 번 가본 클럽에서 어쩌면 나의 적성이 EDM과 클럽댄스일 수도 있겠구나를 느꼈다. 그래서 오늘 밤은 '런던의 홍대'라 불리는 캠던타운으로 가기로 했다.

세븐시스터스에서

나는 유럽의 클럽에 들어서면 여러 이유로 주목을 받았다. 우선 유럽 클럽에서 한국인은 물론이고 동양인은 찾아볼 수가 없었고, 나는 남의 시선은 신경 쓰지 않고 몸이 움직이는 대로 느낌대로 춤을 췄기 때문이다.

클럽에서 EDM의 강렬한 원시적인 비트가 터져 나오면 나는 어느새 무대 중앙에서 춤을 추고 있었다. 나도 당신도 누구도 한 번도 보지 못한 행위예술 같은 춤을 추고 있으면 어느새 유럽 클러버들이 나를 둘러싸고 있었다. 불금을 즐기려는 젊은 런더너들로 북적이는 캠던타운에서 사람들이 가장 많이 모여 있는 곳에 나도 줄을 섰다.

웨이팅이 무려 한 시간이란다. 기다림의 지루함이 채 오기도 전 앞에 서 있는 형들이 말을 걸며 기다리면서 같이 놀자고 한다. 한 형이 맥주를 사 오고 다른 형은 치킨을 사 왔다. 그렇게 캠던타운 길 한가운데 서서 말라위 형들과 치맥을 하며 시간을 보내다 보니 어느새 한 시간이 훌쩍 지났다.

클럽에 들어서자마자 내가 좋아하는 EDM 쇼테크의 'booyah'가 터져 나왔고 어느새 몸은 두둠칫 조금씩 움직이고 있었다. 런더너들은 의외로 춤에 있어서는 부끄럼이 많고 춤도 심하게 못 춘다.

평소처럼 비트를 온몸으로 느끼면서 춤을 추고 있는데 점점 몇 명씩 내 주위로 모여들었다. "우리 같이 사진을 찍자.",

"너처럼 춤추는 사람은 처음 봤다.", "나와 내 여자 친구에게 춤을 가르쳐달라.", 심지어는 다섯 명이 내가 하는 동작 하나 하나를 따라하기도 했다.

영국의 클럽답게 일렉트로닉 음악뿐만 아니라 블러와 콜드플레이 같은 브리티시 록도 틈틈이 나온다. 신나게 뛰고 소리지르면서 춤을 추고 있는데, 갑자기 피아노 소리와 함께 너무도 귀에 익숙한 멜로디가 클럽 전체에 울려 퍼진다. 그러자 클럽 안의 사람들은 반가움에 격한 환호를 내지른다. 바로 내가 영국에 다시 온 정말 중요한 이유이자 맨체스터에서 그들의 음악을 듣고만 있어도 행복했던 오아시스의 대표곡 'Don't look back in anger'.

이 노래가 나오자 클럽 안의 모든 사람들은 마치 약속이나 한 것처럼 힘차게 '떼창'을 부르기 시작했다. 그 순간 수백 명의 런더너들이 한 목소리로 부르는 'Don't look back in anger'는 마치 영국인들의 거룩한 찬가(Anthem) 같았다. 사진과 영상으로는 도저히 담을 수 없는 오직 여행의 그 순간에서만 느낄 수 있는 소중한 경험을 내가 했던 것이다.

서른 번째 여행이 부르는 노래: Don't look back in anger ♪ - Oasis ♫

261

스칸디나비아에서 만난 사람들

31

3분 만에 끊은 코펜하겐 왕복티켓

31살, 덴마크 코펜하겐의 기억

"오빠, 이번 여름방학에 덴마크 올래요? 내가 책임지고 가이드해 줄게!" 몇 해 전부터 대학 선후배로 알고 지낸 J와는 올 초부터 급격히 친해졌다. 음악과 여행을 좋아하는 J는 역시 음악과 여행을 사랑하는 나와 많은 이야기를 나누며 가까워졌다. 그러던 그녀가 덴마크 코펜하겐으로 1년간 워킹홀리데이를 떠난다고 한다. 요즘 그녀와 부쩍 가까워지고 있던 터라 마음이 왠지 모르게 허전했다.

생각이 잘 통하고 여행이라는 공감대를 갖고 있는 친한 동생을 1년 동안 못 본다고 생각하니 생각보다 아쉬움이 밀려왔다. 크리스마스가 지나버린 쓸쓸한 1월, J의 출국 소식에

괜스레 울적해졌다.

J가 코펜하겐에 도착한 이후에도 틈틈이 연락을 주고받았다. "Absence makes the heart grow fonder(옆에 없으면 더 애틋해지는 법)."라는 말처럼 아무것도 아니었던 마음은 점점 '썸'으로 바뀌고 있었다. 5월 어느 밤, 평소처럼 페이스북 메시지를 주고받다가 갑자기 그녀가 나에게 무언가를 보냈다. 동그란 원탁에 상대방을 어디에 앉히고 싶냐는 심리테스트였다.

그녀는 나를 생각하며 C를 골랐단다. 그러면서 C는 자기가 좋아하는 사람이라는 풀이를 했다. B를 선택한 나에게 정말 자기를 멀게 느껴지는 사람이라고 생각하냐며 귀엽게 툴툴대던 그녀는 이번 여름에 덴마크에 올 거냐고 묻는다. 나는 1초의 고민도 하지 않고 바로 비행기 티켓을 검색했고 항공권을 결제하는 데는 3분이 걸리지 않았다. IN과 OUT은 당연히 그녀가 있는 코펜하겐이었다.

그로부터 일주일 후, 여느 때와 다름없이 학교에서 급식지도를 하고 있던 중 페이스북 알람이 울렸다. 관심 친구로 설정해 둔 J의 연애상태 변화 알림이었다. "J는 연애 중입니다." 분명히 프로필 사진은 내가 아는 그 J가 맞았다. 순간적으로 표정이 굳어졌다. 그 순간 약 한 달간의 코펜하겐 여행의 의미가 사라져 버렸다.

교무실로 돌아와 일주일 전에 예약한 티켓을 취소하려고 하는데, 프로모션 특가로 예약한 티켓이라 수수료를 무려 50% 넘게 내야 한다! 이게 다 3분 만에 약관도 제대로 읽지 않고 급하게 티켓을 결제한 나의 잘못이다. 그렇게 나의 '코펜하겐 IN-코펜하겐 OUT, 스칸디나비아여행'은 시작되었다.

코펜하겐까지 왔는데 그녀를 안 볼 수는 없었다. 코펜하겐 공항까지 마중나와 반기는 그녀를 반갑지만 불편하기도 한 마음으로 마주했다. 6개월 만에 만난 그녀는 전보다 더 밝아졌고 행복의 나라 덴마크에서 살아서 그런지 더 행복해 보였다. 그녀는 코펜하겐의 구시가부터 시작해서 유명한 광장과 분수대, 그녀가 자주 간다는 피자집과 한동안 아르바이트했다는 식당도 소개해 주었다.

바이킹의 후예이자 뷔페의 원조 국가에서 오리지널 뷔페를 먹고 난 후 마트에서 선진적인 플라스틱 재활용 시스템에 대해서 배웠다. 그리고 입가심으로 계피맛 아이스크림을 하나 먹으며 첫날 코펜하겐 시티투어를 끝마쳤다. 처음에는 복잡했던 마음이 그녀를 만나고 하루 종일 같이 지내다 보니 조금씩 편해졌다.

다음 날 강변에 위치한 덴마크 왕립 도서관에서 J를 만났다. 디자인의 국가 덴마크답게 도서관은 약간 기울어진 형태의 모던한 검은색 사각기둥으로 이루어진, 참신하지만 어색하지 않은 디자인이었다. 직선의 외부와는 달리 내부는 바르셀로나의 가우디 건축물처럼 물결치는 곡면으로 이루어져 있었다. 내부에 있는 코펜하겐 강변이 보이는 전면 유리에서 기념사진을 찍고 난 후 코펜하겐에서 가장 유명하다는 인어공주상으로 갔다.

J는 가기 전부터 너무 기대하지 말라며 걱정했고, 나는 원래 코펜하겐에 인어공주상이 있는지도 몰랐다면서 J를 안심시켰다. 인어공주상에 도착하자마자 왜 그녀가 기대하지 말라고 말했는지 이해할 수 있었다. 작고 덩그러니 있는 인어상을 보니 벨기에 브뤼셀의 오줌싸개 분수가 떠올랐다. 또한 춘천의 소양강처녀상은 반드시 재조명받아야 한다고 생각했다.

코펜하겐에서 가장 기억에 남은 장소는 니하운이다. 가지런한 운하 양옆으로 알록달록한 집들이 촘촘하게 서 있고 운하 곳곳에는 다양한 배와 요트들이 질서정연하게 정박되어 있는 곳. 덴마크와 코펜하겐을 떠올리면 가장 먼저 떠오르는 랜드마크가 이곳 니하운일 것이다. 니하운이 가장 예쁘게 보이는 곳에 자전거를 세워 놓고 그 옆에서 사진을 찍었다.

J와 함께 자전거를 탄 후 그녀가 코펜하겐에서 사귄 친구

코펜하겐의 랜드마크 니하운

들을 한 명씩 소개받았다. 코펜하겐에서 호떡을 파는 B는 한국의 씨앗호떡을 팔면서 한국 음식과 문화를 덴마크에 알리고 있는 멋진 친구다. 현재는 '네이키드 덴마크'라는 사이트를 운영하며 덴마크의 소식을 한국에 알리고 있다. 맛있는 씨앗호떡을 입에 하나씩 물고 또 다른 덴마크 친구들을 만나러 갔다.

친화력이 좋은 J는 내가 왔다고 다양한 국적의 친구들을 불러 모았다. 대만에서 온 친구, 일본에서 유학 온 친구, 일본과 한국을 너무 좋아한다는 덴마크 친구, 또 다른 한국 친구까지. 그 외에도 덴마크 친구의 친구들까지 모두 15명이 넘는 친구들이 B의 호떡 트럭 불판에 한국의 소울푸드 삼겹살을 구워 먹으면서 바비큐 파티를 벌였다. 물론 내가 가져온 삼겹살의 소울메이트 소주와 함께!

J의 친구들과는 나 역시 금세 친해졌고 신나는 음악과 맛있는 음식은 술과 함께 우리를 더 흥겹게 했다. 그렇게 즉흥적으로 시작된 스칸디나비아여행의 첫 번째 도시, 코펜하겐에서의 마지막 밤은 새로운 친구들과 함께 즐겁게 마무리된다.

서른한 번째 여행이 부르는 노래: Ob-La-Di, Ob-La-Da _ Beatles ♪🎵

32

베르겐산 정상에서 소주잔 돌리기

31살, 노르웨이 베르겐의 기억

즉흥적인 스칸디나비아여행이었기 때문에 준비가 부족했
다. 더군다나 '코펜하겐 IN–코펜하겐 OUT'은 어디를 가도
반드시 덴마크로 돌아와야 하는 상당히 비효율적인 여행 스
케줄이다. 그래도 우연한 기회로 처음 스칸디나비아에 왔고
앞으로 살면서 이곳에 다시 올 기회는 그렇게 많지 않을 것
같아 여행비용은 최대한 아끼지 않기로 했다.

가장 많은 비용을 투자한 곳은 덴마크 히르트스할스에서
노르웨이 베르겐으로 가는 피오르 라인 크루즈여행이다. 이
현대판 타이타닉호는 전날 저녁에 출발하여 다음 날 낮에 도
착하는 일정으로 약 16시간 동안 노르웨이의 피오르 해안선

을 따라 항해한다. 나는 당시 살고 있던 자취방보다 훨씬 크고 고급스러운 스위트룸을 예약했다. 퀸사이즈 침대와 럭셔리한 욕실이 있는 방은 가격이 어마어마했지만, 여행은 평소 하지 못했던 일을 하면서 추억을 남기는 것이기 때문에 눈 딱 감고 결제 버튼을 눌렀다.

이렇게 한 번 제대로 '플렉스'하고 나서는 식비나 나머지 비용을 아낀다면 어느 정도 현실적인 금액으로 여행을 할 수 있다고 믿었다. 그리고 그 생각이 틀렸다는 것을 스칸디나비아에 도착한 지 단 하루 만에 알 수 있었다.

북유럽의 물가는 상상했던 것보다 어마무시하게 비쌌다. 당시 스웨덴보다 덴마크가, 덴마크보다 노르웨이가 더 비쌌는데 노르웨이를 기준으로 편의점에서 파는 콜라가 만 원, 생수가 8천 원이었다. 길거리에서 파는 보통 사이즈의 핫도그가 만 6천 원 정도 했고, 맥도날드 빅맥 세트는 2만 원이 훌쩍 넘었다. 코펜하겐의 호스텔은 여름 성수기여서 그랬겠지만 도미토리 12인실이 1박에 무려 20만 원이 넘었다.

이렇게 평범하다 못해 저렴한 여행을 계획해도 이 정도의 비용이 드니까 '에라 모르겠다! 그냥 돈 생각하지 말고 하고 싶은 것 다 하고, 가고 싶은 데 다 가자!' 싶었다. 결국 약 한 달간 여행을 하면서 당시 1,000만 원 정도 있었던 통장 잔고는 바닥이 났다. 그리고 지금 나는 겨울왕국의 아렌델의 모티브가 된 베르겐으로 향하는 페리에 있다.

아침에 눈을 떠 갑판에 올라 해안가의 아기자기한 집들과 힘차게 항해하는 크루즈 위에 펄럭이는 노르웨이 국기를 보니 피오르의 나라에 온 것이 실감났다. 베르겐은 생각과는 다르게 무척 더웠다. 노르웨이의 해안가는 겨울은 따뜻하고 여름은 서늘한 서안해양성기후로, 일 년 내내 서늘할 것이라는 나의 예상은 완전히 빗나갔다.

하늘은 구름 한 점 없이 맑았고 휴대폰에 나타난 현재 기온은 섭씨 35도를 가리키고 있다. 베르겐 항구에 내려 커다란 배낭을 매고 땀을 뻘뻘 흘리며 걷다가 지나가는 사람들에게 "베르겐은 원래 날씨가 이렇게 더워요?"라고 물으니, 베르겐 현지 할아버지 말씀하시길, "80살 평생 이렇게 더웠던 여름은 처음이야!" 언젠가 한국 할아버지한테서도 들어본 것 같은 말을 노르웨이 할아버지한테서 들으니 신기했다.

그렇게 작렬하는 태양과 무덥고 습한 날씨, 거기다가 어깨의 무거운 짐과 싸우며 걷고 있는데 누가 봐도 여행자인 여자가 나에게 말을 건다. "혹시 베르겐 도서관이 어딘지 알아?" 나는 "보다시피 나도 베르겐이 처음이라서 잘 모르겠어. 지금 베르겐역으로 가는 중인데, 베르겐 시내가 그렇게 크지 않으니까 도서관도 그 근처에 있지 않을까?"라고 대답했다.

나에게 길을 물어본 여자는 자기를 노르웨이 트롬쇠에서 온 안드레아라고 소개하며 혹시 담배가 있는지 묻는다. 아, 사실 이게 본심이었을까? 나는 담배 한 개비를 안드레아에게 주며 불을 붙여 주었다. 그렇게 베르겐에 도착한 지 30분 만에 담배친구가 하나 생겼다.

그녀와 걷다 보니 어느새 베르겐역에 도착했고 바로 근처에 도서관이 있었다. 안드레아는 "오늘 밤에 좋아하는 밴드 콘서트가 있는데 같이 보러 가지 않을래?"라고 제안했다. 나는 "누군지 모르는 밴드인데 괜찮으려나?"라고 말했고 안드레아는 "그럼 콘서트는 좀 더 생각해 보고, 저녁에 베르겐산 정상에서 친구들과 바비큐 파티를 할 예정이니까 너도 같이 가자."라는 또 다른 제안을 했다.

베르겐 전체가 보인다는 베르겐산 정상은 어차피 케이블카를 타고 갈 계획이었기 때문에 흔쾌히 제안을 수락했다. 그렇게 안드레아와 저녁 여섯 시에 케이블카 앞에서 만나기로 약속을 한 후 예약한 숙소로 향했다.

숙소는 작긴 했지만 1인실이고 창문으로 베르겐산과 시내 전체가 보여서 아주 마음에 들었다. 베르겐 시내 길가에는 분수에 뛰어들어 온몸을 적시는 사람, 잔디밭에 누워서 옷을 벗고 일광욕을 하는 사람들이 넘쳐났다. 나도 만 원짜리 아이스바 하나를 입에 물고 더위를 식혔다.

약속한 시간이 되어 베르겐산 케이블카로 갔다. 안드레아는 베르겐에 살고 있는 친오빠와 함께 왔다. 우리는 케이블카를 타고 안드레아 남매의 친구들이 기다리는 베르겐산 정상으로 향했다. 산 정상에는 전망대가 있었고 그곳에서 베르겐 구시가지를 한눈에 볼 수 있었다. 북위 50도가 훌쩍 넘는 베르겐의 오후 7시, 해가 아직 머리 위에 떠 있다. 노을이 보이는 사진을 찍으려면 아직 많이 기다려야 했다.

10분 정도 걸어서 도착한 캠핑장 작은 호수에는 이미 여럿이 잔디밭에 앉아 맥주를 마시고 있었다. 안드레아가 친구들에게 나를 소개한 후 나는 비장의 무기를 꺼냈다. 바로 한국에서 가져온 'My precious, 소주'. 맥주만 잔뜩 쌓아 놓고 마시는 노르웨이, 덴마크, 스웨덴, 벨기에, 네덜란드인들은 한자도, 히라가나도 아닌 한글이 써 있는 한국의 술 소주를 너무도 신기해했다.

그들에게 소주 마시는 방법을 알려 주었다. 일명 '소주잔 돌리기'. 이것이 한국에서 술 마시며 인사하는 방법이라면서 테이블에 앉아 있는 모두에게 한 잔씩 따라 주었다. 이렇게 소주 하나로 스칸디나비아 친구들과 친해졌고 베르겐산 정상에서 그들과 신나는 파티를 즐겼다.

소주를 처음 마셔보고 바로 사랑에 빠진 대머리 데이비드를 위해 소주의 자매품, 소맥을 알려 주었다. 내가 소주와 맥주를 섞어서 건네주자 이런 건 처음 봤다면서 놀라워했다. 그에게 "너희들도 위스키랑 맥주를 섞어 마시지 않냐?"라고 물으니까 그것 역시 처음 들어본다고 한다. 폭탄주도 우리나라 문화였구나! 소맥 몇 잔에 한껏 흥이 오른 데이비드는 때마침 나오는 퀸의 '보헤미안 랩소디'를 목청껏 따라 부르고 엉덩이까지 흔들며 신나게 춤을 춘다.

안드레아의 오빠 피터는 한국에 꼭 가고 싶다면서 자기 여자친구 크리스티안이 한국 문화를 무척 좋아한다고 말했다. 크리스티안은 지금은 너무도 유명해진 BTS의 데뷔곡 '상남자(Boy in love)'를 한국어로 따라 부르고 언젠가 꼭 한국에 가서 BTS를 직접 보는 게 꿈이라며 자신이 '아미'임을 인증한다.

저녁 11시가 넘어가는데 아직 해는 넘어갈 생각을 하지 않는다. 마지막 케이블카를 놓치면 여기에서 밤을 지새워야 하기 때문에 2차 술자리는 베르겐 구시가에서 하기로 했다.

전망대에서 바라본 베르겐의 구시가와 이를 감싸고 있는 북해는 자정이 다 되어서야 조금씩 노을로 물들고 있었다. 마지막 케이블카가 도착하기 전까지 북극권의 은은한 야경을 즐기며 친구들과 한 명씩 이야기를 나눴다. 로맨틱한 노을과 알코올에 적당히 취한 우리는 그렇게 조금 더 가까워졌다.

베르겐 시내로 내려와서 구시가에 있는 시끌벅적한 펍으로 향했다. 안드레아는 콘서트를 가기로 한 건 이미 잊은 건지 아니면 애초에 콘서트 따위는 없었던 건지 계속 더 마시자고 한다. 결국 나는 해가 다시 막 뜨고 있는 새벽 다섯 시쯤에 집으로 돌아갈 수 있었다.

서른두 번째 여행이 부르는 노래: Bohemian Rhapsody ♪ – Queen 🎵

베르겐산 정상에서 만난 친구들

33

노르웨이 숲에서 만난 투머치토커

31살, 노르웨이 보스·구드방엔·플롬·미르달의 기억

베르겐은 노르웨이여행의 핵심, 송네 피오르로 가는 출발점이자 도착점이다. 피오르여행은 오슬로에서 출발해서 기차와 페리, 버스를 갈아타면서 베르겐까지 오는 코스가 있고, 반대로 베르겐에서 오슬로로 가는 코스가 있다. 내가 선택한 베르겐에서 오슬로로 가는 코스는 기차와 버스, 페리와 산악열차를 번갈아 타며 피오르를 다채롭게 여행하는 방법이다.

해가 뜨고 있는 새벽, 배낭을 메고 베르겐역으로 향했다. 베르겐역에는 이제 막 피오르여행을 마치고 오슬로에서 돌아온 사람들과 베르겐을 떠나는 사람들이 섞여 있다. 베르겐

역을 출발한 기차는 순식간에 노르웨이의 울창한 숲으로 파고든다. 노르웨이 숲은 알프스를 품은 스위스 숲과는 다른 느낌이다. 스위스 숲은 아기자기하고 작고 예쁜 요들송 느낌이라면 노르웨이 숲은 웅장하고 거친 헤비메탈 느낌이다.

생각보다 빠른 속도로 달린 기차는 곧 보스에 도착했고, 여기서 다시 구드방엔까지 가는 버스로 갈아탔다. 버스는 아찔하게 좁은 도로를 천천히 구비구비 돌면서 거칠지만 아름다운 피오르 협곡을 보여 준다. 버스가 왼쪽으로 커브를 돌 때는 오른쪽 창에 타고 있는 사람들이 탄성을 질렀고, 오른쪽으로 돌 때는 왼쪽의 사람들에게서 감탄이 터져 나온다.

좁고 아찔한 도로를 지나서 구드방엔에 도착한 후에는 다시 플롬으로 가는 페리를 탔다. 처음 피오르코스를 예약할 때 이 구간을 가장 기대했었다. 피오르에서 페리를 타고 항해하는 기분이 어떨지 상상만 해도 기분이 좋았다. 페리에 오르자마자 갑판 맨 앞으로 가서 피오르를 거침없이 느꼈다.

평소 전공책에서 보던 피오르와 피오르에 걸쳐 있는 현곡이 바로 눈앞에 보였다. 1년 내내 녹지 않는 만년설과 빙하도 어렵지 않게 눈에 들어왔다. 그렇게 페리의 맨 앞에서 아름다운 피오르의 모습을 사진과 동영상으로 남기다 보니 점점 셔터소리와 감탄사가 줄어들었다. 역시 아무리 아름다운 풍경도 눈에 익숙해지는 데는 30분이 걸리지 않는 것 같다.

이제 시선은 페리를 따라오는 갈매기들에게 향했다. 한국의 월미도 갈매기처럼 노르웨이 피오르 갈매기들도 배를 따라다니면서 사람들이 던지는 과자를 곡예하듯이 잡아챘다. 바뀐 건 새우깡이 아니라 감자칩이라는 것 정도?

그렇게 갈매기에게 과자를 던져 주면서 놀고 있는데 반대편에서 과자를 던져 주고 있는 일본인 여자가 보였다. 생각해 보니 유학 시절부터 일본 사람과의 인연이 꽤 괜찮았다. 그래서 그 '아유미 혹은 미유키'처럼 생긴 일본 여자에게 말을 걸었다. "한국분이시죠?" 그녀는 놀람을 온몸으로 표현하며 "Eh? Sorry, I'm Japanese."라고 대답했다. 그렇게 유럽인 반, 단체 중국인 반으로 가득 차 있던 피오르 페리 안에서 유일한 한국인과 일본인은 서로 사진을 찍어주는 친구가 되었다.

지루한 3시간의 항해는 플롬에서 마무리되었다. 플롬은 구드방엔으로 가는 페리가 출발하는 곳이자 산정에 있는 미르달역까지 가파르게 오르는 산악열차가 출발하는 곳이다. 이곳에서 미르달까지 가는 산악열차는 따로 티켓을 구매해야 한다. 매표소로 가니 이미 페리에서 내린 사람, 이제 막 산악열차를 타고 내려온 사람, 그리고 이제 막 페리를 타러 온 사람들까지 몰리면서 줄이 몇 겹이나 굽이치고 있었다.

30분가량 기다려서 표를 구매했더니 한 시간 후에나 출발하는 기차다. 준비성의 민족 일본인답게 이미 미르달 산악열차를 예약한 그녀는 이제 기차가 출발한다면서 자신의 이름과 페이스북 아이디를 알려 주었다. 그리고 3일 후에 스톡홀름에서 다시 만나기로 약속하고 기차에 올랐다. 그녀는 도쿄 출신 아유미. 그때 다시 만나자는 말은 그냥 형식적인 인사인 줄 알았다.

한 시간 정도 산악열차를 기다리다 너무 덥고 목이 말라서 여행할 때만 그렇게 생각나는 콜라를 마실까 한참을 고민했다. 왜냐하면 베르겐에서는 만 원이었던 콜라가 여기에서는 2만 원이었기 때문이다. 고민 끝에 한 모금에 3천 원 정도 하는 콜라를 마시고 기차에 올랐다.

녹색 산악열차는 천천히 가파른 철길을 올랐다. 경사가 가팔라지는 만큼 경치는 더 아름다워졌고, 열차에 타고 있는 사람들의 감탄사도 점점 커졌다. 그중 유독 한 남자가 눈에 띄었다. 조지 클루니를 닮은 남자는 오두방정 리액션과 과도한 손짓을 동반하여 '에메이징'을 온몸으로 표현하고 있었다. 그 모습이 마냥 시끄럽거나 눈에 거슬리기보다는 '내 평소 모습이 다른 사람들의 눈에는 저렇게 보일 수도 있구나.'라는 자아성찰을 했다.

피오르에서 만난 또 다른 자아인 그는 브라질에서 온 알랭, 사회학과 교수란다. 그렇게 브라질 사회학과 교수와 대한민국 지리교사는 기차가 잠시 정차하는 폭포 앞에서 서로의 사진을 찍어주었고, 셀피도 함께 찍으며 친해졌다.

알랭은 영어가 유창하지는 않지만 라틴 특유의 억양을 속사포처럼 내뱉는다. 반면 나는 대화의 주제를 자신에게 가장 친숙한 것으로 유도하고 그 안에서 상대방에게 질문을 던지는 일명 '야매 여행 영어의 달인'이다. 라틴의 피가 흐르는 두 수다쟁이는 산 정상에 도착할 때까지 마치 10년 만에 만난 친구처럼 온갖 이야기를 나누었다.

미르달역에 도착하니 오슬로행 기차에서 테러가 발생하여 기차 운행을 무기한 중단한다는 방송이 나왔다. 산 정상의 조그만 역에는 이미 사람들이 인산인해를 이루고 있었고, "이걸 왜 여기 도착해서 알려주냐?", "미리 아래에서 표를 팔지 말았어야 했던 거 아니냐?"라며 노르웨이 철도청 직원들에게 화를 내며 항의하고 있었다. 하지만 매사에 낙천적인 라틴의 후예들은 이왕 이렇게 된 거 술이나 마시자며 알랭은 브라질의 국민 술 카사샤를, 나는 한국의 국민 술 소주를 꺼냈다.

우리는 역무원 몰래 종이컵에 각자의 나라에서 가져온 술을 따랐다. 테러가 나서 기차가 멈춘 마당에 무엇을 위한 축하인지는 모르겠지만 어쨌든 축배를 들었다. 각자의 술을 입이 마르게 칭찬하면서 우리는 점점 서로에게 취했다.

투머치토커 알랭과 건배!

알랭은 막둥이 딸 사진을 나에게 보여 주며 요즘 딸이 자신의 삶의 이유라고 한다. 나는 "이렇게 사랑하는 딸과 가족들을 브라질에 두고 왜 혼자 노르웨이로 여행을 왔어?"라고 물었다. 그는 "River, 네가 아직 결혼을 안 해서 이해 못하겠지만 가족을 정말 사랑한다고 항상 함께하고 싶은 것은 아니야. 혼자 여행하는 이 자유로움도 나는 무척 사랑해."라고 답했다. 알랭의 그 말을 그때 나는 미처 알지 못했다.

두 남자는 두 나라의 교육, 경제, 그리고 여행과 사랑에 대해 끊임없이 이야기했다. 어느새 오슬로행 기차가 곧 운행한다는 방송이 나오고 있었다.

서른세 번째 여행이 부르는 노래: 그땐 미처 알지 못했지 ♪ - 이적 ♫

284

34

오슬로의 청소부와 신자유주의

31살, 노르웨이 오슬로의 기억

예상치 못한 테러로 3시간쯤 연착된 기차는 다음날 오전 1시가 훌쩍 넘어서야 오슬로에 도착했다. 북위 50도가 넘는 고위도였지만 새벽 2시 무렵 오슬로 시내는 어둠이 깔려 있었다. 예약한 숙소는 하필 무슬림이 모여 사는 슬럼에 위치해 있었다. 왠지 테러는 무슬림이 일으켰을 것이라는 고정관념에 사로잡힌 나는 길을 지나가는 사람들을 마주칠 때마다 흠칫 놀라며 발걸음을 재촉했다.

마치 바닷속 작은 물고기들이 상어를 피하기 위해 떼를 지어 헤엄치듯 같은 방향으로 가는 여행객들과 함께 뭉쳐서 걸었다. 몇 시간에 걸친 기차 연착과 3시간이 넘는 기차에서의 이동으로 지친 나는 침대를 보자마자 그대로 뻗었다.

느지막이 일어나 숙소를 나서니 화창한 날씨와 생각보다 깨끗하고 밝은 거리가 나를 반기고 있었다. 어제 새벽에 느낀 분위기와는 매우 달랐다. 이슬람에 대한 내 편견이 생각보다 깊다는 것을 반성했다.

베르겐과 마찬가지로 오슬로에서도 별다른 계획은 없었다. 무작정 걷다가 오슬로 오페라 하우스로 향했다. 오페라를 보려고 간 것은 아니었고, 시드니 오페라 하우스 건물처럼 멋지고 아름다울 것 같았기 때문이다. 시드니의 오페라 하우스는 조개를 형상화한 곡선의 형태인 데 반해 오슬로의 오페라 하우스는 기울어진 직선과 전면의 유리로 모던함과 미니멀라이즈를 강조한 형태였다.

마침 지나가는 사람도 별로 없었고, 하늘도 예쁘고, 바닥도 깨끗했다. 나는 오페라 하우스 바로 옆 경사진 바닥에 자유롭게 누웠다. 거기서 하늘을 바라보며 음악을 듣고 사진도 찍었다.

그렇게 한참을 누워 있으니 오슬로 시내를 좀 돌아보고 싶어졌고 아까 걸어오면서 봤던 자전거 대여가 생각났다. 오슬로시에서 빌려주는 자전거는 외국인도 까다로운 절차 없이 쉽게 빌릴 수 있다. 오슬로 따릉이를 타고 노르웨이의 수도 곳곳을 자유롭게 달렸다. 구시가의 골목들과 낡은 성벽을 따라 정처 없이 떠돌았고 강가를 달리며 강바람을 맞았다. 강가를 따라가다 보니 바다가 나왔고 항구와 그곳에 정박한 배가 보이는 곳에서 사진을 찍고 싶었다.

마침 그 옆을 지나가는 한 무리의 여행객들에게 사진을 찍어달라고 부탁했다. 지금도 그렇지만 막상 누가 사진을 찍어주면 어떤 포즈를 취할지 참 어색하다. 어색한 포즈로 서 있으니 좀 생동감 있는 포즈를 취하라면서 파란 원피스를 입은 여자가 다가와 나에게 직접 시범을 보여 준다.

그 여자들은 영국 런던에서 노르웨이로 여행 온 친구들이었다. 내가 너무도 사랑하는 런던에서 왔다는 말에 괜히 더 반가웠다. 런던에서 온 대학생 친구들과 서로 사진을 찍어주면서 친해졌고, 오슬로 시내를 함께 다니기로 했다.

그녀들도 별다른 계획이 없었다. 그녀들 중 한 명이 뭉크의 〈절규〉가 오슬로 미술관에 전시되어 있다고 귀띔해 주었다. 내가 양손을 얼굴에 대고 절규하는 표정을 지으며 "이 그림?" 하니까 그 한 명 빼고는 아무도 모른다. 내가 한국에서는 레오나르도 다빈치의 〈모나리자〉와 고흐의 〈별이 빛나는 밤〉 다음으로 유명한 그림이 바로 뭉크의 〈절규〉라고 이야기하니까, 모두 폰으로 그림을 찾아본 후 양손을 두 손에 대고 절규하는 포즈를 취한다.

그렇게 오슬로 미술관에 도착했으나 미술관 문에는 어제

발생한 기차테러로 인하여 노르웨이 전역에 있는 미술관과 박물관이 모두 문을 닫았다는 안내문이 붙어 있었다. 우리는 〈절규〉포즈를 하며 발길을 돌릴 수밖에 없었다.

계획에 없던 영국 친구들과 반나절쯤을 같이 보낸 후 숙소로 향했다. '안커 호스텔'을 선택한 이유는 이곳이 오슬로 숙소 중 게스트 간의 교류가 가장 많다는 리뷰를 봤기 때문이다. 혼자 여행을 할 때는 반은 개인실이 있거나 프라이빗한 분위기의 숙소를, 나머지 반은 다인실에 게스트 간의 교류가 활발한 분위기의 숙소로 선택한다.

여행 중 너무 혼자만 있으면 고독해지고, 또 너무 함께만 있으면 새롭게 관계를 만드는 과정 자체에 피곤을 느낄 수 있기 때문이다. 오슬로에서는 펍 크롤링도 하면서 신나는 파티 분위기를 느낄 작정이었다. 그런데 호스텔에 도착하니 예상했던 것과는 달리 분위기가 너무 차분하다.

여행자들끼리 함께 저녁을 먹을 공간 자체가 없었고 호스텔 내에 있는 펍에서는 한 명씩 조용히 앉아서 커피나 맥주를 마시고 있었다. 내가 바라던 그런 시끌벅적한 분위기가 아니다. 이럴 거면 아까 그 런더너들과 저녁이나 같이 먹자고 할걸! 그래도 나는 포기하지 않고 바에서 혼자 칵테일을 마시고 있는 여행자에게 말을 걸어 보았다.

나의 인사에 말을 걸려고 했던 사람뿐만 아니라 그 옆에 있던 다른 사람도 고개를 돌려 나를 쳐다보았다. 둘 다 나의 인사를 반갑게 받아줬는데, 우연히도 둘 다 대만에서 온 여행자였다. 한 명은 타이베이 대학교를 졸업하고 미국 UCLA에서 대학원을 마친 후 연구소에서 일하고 있는 캐롤라인이다. 커다란 첼로 가방을 가지고 있는 다른 한 명은 오슬로 대학교에서 첼로를 공부하고 있는 젱이다.

"이 숙소가 혼자 온 여행자들이 많다는 리뷰를 보고 왔는데, 정말 혼자 온 여행자들만 많고 전혀 함께 노는 분위기가 아니다."라고 아쉬워하며 말하니 자기들도 심심하다면서 밖에 나가서 같이 놀자고 한다. 그러면서 젱은 오슬로에서 만난 중국인 유학생 친구가 있는데 그가 오슬로를 가이드해 줄 수 있다고 하고, 캐롤라인은 저렴한 피자집이 숙소 근처에 있으니까 피자를 테이크아웃해서 가져가자고 한다.

나는 배낭에서 소주를 꺼냈고 캐롤라인은 맥주를 몇 병을 준비했다. 노르웨이 물가치고 비교적 저렴한 피자집에서 큼지막한 피자와 감자튀김을 사서 중국인 유학생 라우가 안내한 잔디밭에 모여 앉았다. 그리고 나는 역시나 오슬로에서도 친구들에게 소주를 한 잔씩 따라주며 한국의 문화를 알렸다.

그렇게 넷이 잔디밭에서 소주, 맥주, 피자로 소소한 파티를 하고 있는데, 공원을 청소하는 아저씨가 우리를 보고 소리친다. 여기서는 술이나 음식을 먹으면 안 된단다. "그럼 어디로 가면 되나요?" 물어보니까 바로 앞이 자기 집이라면서 그 앞에 앉아서 먹으라고 한다. 곧 자기도 일을 마치고 합류한다면서. 이렇게 얼떨결에 오슬로 청소부 아저씨 집 앞 바닥에서 파티를 벌였다.

오슬로 청소부 아저씨에게도 소주를 권했는데 술을 좋아하는 바이킹의 후예라서 그런지 그는 "이거 물 아니야?"라면서도 홀짝홀짝 계속 마신다. 결국 소주 한 병을 다 마신 아저씨는 취기가 오르는지 뒤로 쓰러지면서 "이건 나한테 물 같아."를 반복하며 계속 웃는다. 나의 보물, 소주가 순식간에 사라졌지만 아저씨가 기뻐하니까 나도 기뻤다.

우리는 그 자리에 앉아서 밤늦도록 이야기했다. 청소부 아저씨는 우리에게 계속 주제를 던지는 역할을 했다. 특히 아저씨는 동아시아, 그중에서도 한국에 대해 궁금한 점이 많았다. '삼성'이라는 세계적인 기업이 한국에 있다는 사실에 놀라워했고 어떻게 한국이 이렇게 급속하게 발전했는지에 대해 한국인인 나의 입으로 듣고 싶어 했다.

캐롤라인은 "한국이 빠른 속도로 발전했고 경제적으로 높은 성장을 거두었지만, 그에 비해 부의 재분배가 잘 이루어지지 않으며 최근 빈부의 격차가 점점 커지고 있다."라고 말했고 이건 세계적인 추세라면서 신자유주의에 대한 화두를 제시했다.

나는 이어서 "한국은 전문직이나 정규직은 일정 이상의 급여를 받지만 그렇지 않은 경우는 임금 격차가 크다. 나는 여러 나라를 여행하면서 청소하시는 분의 표정이 밝으면 밝을수록 그 사회가 살기 좋은 곳이라고 생각했다."라고 말했다.

그러자 중국 출신 라우가 노르웨이 청소부 아저씨의 월급이 어느 정도 되는지 대뜸 물어보았다. 역시 차이나, 질문도 직진이다! 아저씨는 정확한 액수는 언급하지 않았지만 노르웨이는 힘든 일일수록 돈을 많이 받는 편이고, 자기는 경력도 꽤 오래되어 노르웨이의 평균 이상은 받는단다. 라우는 곧바로 노르웨이의 평균 GDP를 찾아보고 "와, 연봉이 100,000달러가 넘는 거 아니야?"라면서 자기도 노르웨이에서 청소를 하고 싶다고 너스레를 떤다.

그 외에도 '한국의 배달문화는 왜 그렇게 발달했는지', 'k-pop은 왜 인기가 많은지'와 같은 또 다른 한국에 대한 화두도 있었고, '왜 중국은 축구를 못하는가'라든지 '대만은 중국 땅인가 아니면 독립적인 국가인가'와 같은 꽤 민감한 주제도 제기되었다. 다행히 대만인과 중국인의 사이에 한국인과 노르웨이인이 껴 있어서 예민해지지 않고 중립적이면서 객관적인 대화를 이어나갈 수 있었다.

노르웨이 오슬로의 청소부 아저씨 집 앞 바닥에서 시작된 우리의 대화는 몇 시간이 넘도록 계속되었다. 노르웨이와 스웨덴의 국경 사이에서 발생한 기차테러로 오슬로에 있는 거리의 모든 곳이 문을 닫았지만, 지금 옆에 있는 사람들 덕분에 나의 여행은 이렇게 행복하다.

서른네 번째 여행이 부르는 노래: All around the world ♪ - Oasis ♫

소주 원샷하고 쓰러지는 오슬로 청소부 아저씨

35

스톡홀름 세븐일레븐에서는 맥주를 안 판다고?

31살, 노르웨이 오슬로와 스웨덴 스톡홀름의 기억

분명히 아침 7시에 알람을 맞췄고 알람이 울리자마자 제 시간에 일어났다. 개운하게 아침 샤워를 하고 어젯밤에 미리 싸 놓은 짐을 챙겨서 30분 만에 숙소에서 나와 오슬로역으로 향했다. 2박 3일 동안 여러 번 다닌 숙소와 역 사이의 큰 길은 걸어서 10분 거리다. 기차 시간은 8시 7분, 30분 이상 여유가 있었다. 여유로운 마음에 좁은 골목길로 들어갔지만 나는 그 좁은 골목에서 길을 잃고 말았다.

여행 경험치는 이제 많이 채운 것 같은데 길치 본능은 어떻게 해결이 되지 않는다. 나는 완전히 반대 방향으로 길을 들어섰고, 다시 큰길로 돌아가서 숙소 쪽으로 가려고 했지만 이내 완전히 방향을 잃어버렸다. 기차 시간이 점점 다가오자 마음은 초조해졌고, 출발시간이 10분 정도 남았을 때 겨우 큰길로 들어섰다. 큰 배낭을 메고 역을 향해 힘껏 뛰었지만 역에 도착했을 때는 이미 기차가 출발한 후였다. 그렇게 나는 스톡홀름행 기차를 놓쳤다.

여행을 하며 길을 잃은 적은 수없이 많다. 그 덕분에 우연히 인연을 만들기도 했고, 계획과 다른 여행이 펼쳐지면서 기억에 남는 순간이 되기도 했다. 환승 시간이 짧아 굉장히 저렴했던 항공권을 예약했을 때 타고 왔던 비행기의 연착으로 영화 〈나 홀로 집에〉의 케빈 가족들처럼 비행기 출발 10분 전에 겨우 도착한 적이 있다. 하지만 그렇다고 비행기를 놓치진 않았다.

첫 유럽여행에서도 그렇게 여러 번 기차를 타면서 한 번도 기차를 놓친 적이 없었다. 그런데 여행의 노하우가 제법 쌓였다고 생각했던 이번 북유럽여행에서 기차를 놓치다니! 그것도 놓친 기차는 이번 여행에서 유일하게 예약한 특급열차였다.

허탈했지만 어쩔 수 없었다. 다행인 건 일상에서 실수를 할 때는 꽤 오랫동안 기억에 품고 괴로워하는 반면, 여행에서의 실수는 신기하게도 금세 잊힌다. 아마도 여행에서의 실수를 잘못이 아니라 예상치 못한 이벤트로 받아들이기 때문인 것 같다. 놓쳐버린 기차표는 과감히 찢어버리고 6시간 후에 출발하는 다음 기차표를 결제했다. 그렇게 나는 오슬로에서 반나절을 더 보낼 수 있었다.

스톡홀름에는 예상보다 한참 늦게 도착했다. 저녁 시간이 지난 스톡홀름의 거의 모든 상점과 음식점이 문을 닫았기 때문에 어쩔 수 없이 바로 숙소로 향했다. 스톡홀름 숙소는 오슬로와는 다르게 조용하게 지낼 수 있다는 평을 보고 예약한 곳이다. 오슬로 숙소가 예상과 다르게 조용했던 것처럼 스톡홀름 숙소는 반대로 왁자지껄한 분위기였다!

방에 짐을 풀고 테라스에 들어서니 이미 여럿이 둘러앉아 맥주 파티를 벌이고 있었다. 평소 같으면 좋아했겠지만 며칠 연속으로 새로운 사람들을 알아가는 과정을 반복하다 보니 피로감이 밀려왔다.

여행은 익숙한 일상에서 벗어나는 행위이기 때문에 매력적이고 삶에 활력을 준다. 하지만 새로운 사람과 친해지는 과정이 여러 번 반복되니까 그 자체에 익숙해졌고 의무로 다가왔다.

조용히 파인트 맥주 한 잔을 시켜서 테라스 구석에 앉아 음악을 들으며 글을 쓰고 있는데, 시끌벅적한 무리 중 키 큰 남자 하나가 나에게 다가오며 합석하기를 권한다. 네덜란드에서 온 그랜트는 자기는 교도관이라면서 나에 대해 묻는다.

나를 한국에서 온 지리선생님이라고 소개하니, "한국에서 학생들을 가르치는 일은 안 힘들어? 난 학교 다닐 때 선생님 말을 엄청나게 안 들었어. 선생님은 정말 힘든 직업인 것 같아."라며 걱정한다.

그 네덜란드 말썽쟁이에게 학생들과 금방 친해지는 방법을 이야기해 주니까 오버스럽게 즐거워하면서 '한국에서 온 재밌는 선생님'으로 나를 자기들 무리에 소개한다. 나는 어쩔 수 없이 또다시 스톡홀름에서도 '여행자 토크 콘서트'에 참여하고야 말았다.

어느 모임에서나 대화를 주도하고 주인공이 되고 싶어 하는 사람이 있기 마련이다. 이 열 명 남짓한 무리에서도 그런 사람이 한 명 있었다. 미국 캘리포니아에서 온 마이클이다. UCLA에서 문화인류학을 전공한 마이클은 이 세상 모든 것에 대해 관심이 많고, 알고 있는 것처럼 말했다. 독일 친구가 미국의 인종문제나 사회현상에 대해서 이야기하니까, 그가 알고 있는 것은 고정관념이라면서 자신이 알고 있는 지식이 올바른 것이라고 주장했다.

이에 대해 반박하고 싶었으나 별로 관심 없는 주제에 쓸데없는 에너지를 낭비하고 싶지는 않았다. 처음 그랜트가 나를 재밌는 사람으로 소개할 때도 다른 사람들은 웃으면서 반겼는데, 마이클은 저게 뭐가 웃기냐면서 관심이 자신이 아닌 나에게 쏠리는 것을 못마땅하게 여기는 것 같았다.

그러다 문득 마이클의 모습에서 나의 모습을 발견했다. 나도 그처럼 의견이나 주장을 강하게 이야기하는 편이고, 다른 사람의 의견을 무시하는 듯한 발언을 종종 한다. 또한 내가 아닌 다른 사람이 주목받는 것을 못마땅하게 느끼기도 한다. 지구 반대편 스웨덴의 수도 스톡홀름에서 미국 척척박사의 안 좋은 면을 타산지석으로 삼다니!

대화는 점점 마이클의 지적 허영심을 드러내는 일장연설로 흘러갔고 어느새 하나둘씩 자리를 떴다. 나 역시 불필요한 대화에 피곤함을 느끼고 침대로 향했다. 내일은 좀 더 건전하면서 즐거운 만남이 있기를 바라며.

아침에 눈을 뜨니 페이스북 메시지가 와 있었다. 플롬으로 가는 페리에서 만난 일본 친구 아유미의 메시지였다. 내용은 자기는 지금 스톡홀름에 있고 혹시 너도 스톡홀름에 도착했으면 같이 여행을 하자는 것이었다. 며칠 전 그냥 지나가는 말로 했던 이야기인데 그걸 기억하고 메시지를 보내주다니. 고맙고 반가웠다.

그녀와는 커다란 배가 전시된 바사 박물관에서 만났다. 바사는 스톡홀름에서 출발한 커다란 배로 출항한 지 한 시간도 지나지 않아 침몰했고, 박물관은 이 배를 한참 후에 건져 올려서 전시했다. 세계 최고의 조선기술을 지니고 있는 한국과 일본 출신 여행객들은 "이게 뭐가 자랑이라고 이렇게 박물관까지 해놓았냐!"며 스웨덴의 배 만드는 기술을 비웃었다.

바사 박물관을 나와서 우리가 간 곳은 '감라스탄'이라는 스톡홀름 구시가였다. '스탄'이라는 말이 이슬람 국가명 뒤에 붙는 단어여서 왠지 이슬라믹한 모습을 예상했지만, 서유럽이나 동유럽과는 또 다른 북유럽만의 매력적인 풍경이 나타났다.

구불구불한 좁은 골목을 걷다 보니 마치 중세시대 유럽의 마을 속에 와 있는 것 같았다. 골목들이 이어진 대광장에는 과거 한자 동맹의 흔적이 남아 있는 증권거래소 건물을 비롯하여 대성당과 왕궁 건물이 웅장하게 서 있었다. 현대적인 도시 스톡홀름에서 과거의 모습을 간직하고 있는 감라스탄은 서울 도심 속 창덕궁의 모습처럼 여행자들에게 여유롭게 다가왔다.

저녁시간 우리는 큰 도전을 하기로 했다. 바로 북유럽 고급 레스토랑에서 식사를 하는 것! 그동안 살인적인 북유럽 물가를 이미 경험한 두 여행자는 혼자서는 도무지 고급 레스토랑에 갈 엄두가 나지 않았다. 그나마 스웨덴이 노르웨이나 덴마크에 비해 물가가 싸고 둘이 메뉴 한 개씩만 시키면 감당할 수 있을거란 생각에 용기를 냈다. 유명한 스웨덴의 청어요리와 미트볼을 먹고 싶었던 우리는 스톡홀름의 고급 레스토랑 '펠리칸'으로 향했다.

펠리칸은 입구부터 "나 꽤 비싼데 감당할 수 있겠어?"라고 말하고 있었다. 촛불이 켜져 있는 아늑한 식당 내부에 들어서자 능숙한 웨이터가 우리에게 자연스레 "Somthing to drink?"를 물었다. 메뉴판을 보니 일반 물이 5만 원이었다. 물이 무료로 제공되는 일본에서 온 여자와 반찬까지 무한 리필이 가능한 한국에서 온 남자는 결국 물을 시키지 않기로 했다.

메뉴에 써 있는 가격을 보니 그대로 나가고 싶었다. 가장 기본적인 청어요리가 15만 원, 미트볼이 10만 원이다. 나갈까 말까 고민하고 있는 순간 식전 빵이 나왔고 이제는 나갈 수도 없다.

청어요리는 청어를 세 가지 방법으로 요리한 것에 치즈가 곁들여진 요리인데, 청어의 냄새가 정말 비리고 양이 정말 작았다. 딱 애피타이저 수준이다. 그 와중에 아유미는 너무 비리다고 못 먹겠단다. 미트볼은 딱 네 조각이 나왔는데, 스웨덴이 왜 미트볼이 유명한지 이해할 수 없는 맛이었다. 오뚜기 3분 미트볼이 그리워지면서 한 조각에 2만 5천 원이라는 생각이 드니까 한입 베어 물기가 무서웠다.

딱딱한 호밀빵에 퍽퍽한 감자수프를 찍어 먹으니까 고구마를 100개 정도 먹은 것처럼 목이 막혔다. 그렇게 딱딱하고

펠라칸에서, 웃는 게 웃는 게 아니야

목 막히는 식사는 30만 원이 넘는 영수증을 받고 나서야 겨우 끝이 났다. 물이 기본으로 제공되는 것이 얼마나 소중한지, 그리고 한국과 일본의 음식이 얼마나 맛있는지를 뼈저리게 느꼈다면서 서로를 위로했다.

식사를 제대로 하지도 못하고 거금을 쓴 우리는 속이 타고 목이 말랐다. 맥주가 생각나서 호기롭게 들어간 세븐일레븐에는 맥주가 없었다. 세계적으로 가장 점포가 많다는 세븐일레븐이라는 다국적 기업 편의점에 캔맥주가 없다니!

"설마 여기도 없어? 설마 여기도?" 하면서 스톡홀름 시내 곳곳의 편의점을 들어가서 확인했으나 맥주를 비롯한 술은 일절 팔지 않았다. 스웨덴은 다른 유럽과 다르게 술에 대한 규제가 엄격하고 미국처럼 정해진 리커스토어에서만 술을 판매한다고 한다. 우리는 걷고 또 걸어 스톡홀름 중심에 있는 리커스토어에서 드디어 시원한 캔맥주를 하나씩 살 수 있었다.

물 없는 목 막힌 식사와 1시간 가까이 걸은 후에 길에서 마시는 맥주는 지금까지 마셨던 그 어떤 맥주보다도 짜릿하고 시원했다. 길에서 술을 마시다가 경찰에게 걸리면 어마어마한 벌금을 낸다는 스웨덴 법을 모른 채, 그렇게 우리는 스톡홀름 중앙역 바로 앞에서 신나게 '건배'와 '간빠이'를 외치며 맥주를 들이켰다.

스톡홀름 세븐일레븐에는 맥주가 없다1

에필로그

평범한 하루가 여행이 될 수 있다면

29살, 일본 도쿄의 기억

일본을 동경하던 한 소년이 있었다. 그 소년은 "국경의 긴 터널을 빠져나오자, 눈의 고장이었다."라는 첫 문장이 인상적인 소설 『설국』의 영향으로 소설가를 꿈꿨다. 시골마을 군마현의 고갯길에서 한밤중에 벌어지는 레이싱 애니메이션 〈이니셜 D〉에 매료되어 86년식 낡은 자동차가 드림카였으며 한때 행복의 3요소를 바람, 샤워, 그리고 'Robinson'(일본 락밴드의 곡)으로 꼽기도 했다.

그런데 여행지로서의 일본은 이상하리만큼 인연이 없었다. 일본은 역사적 갈등과 사회문화적 이질감이 있는 나라지만, 가까운 거리로 많은 사람들의 첫 해외 여행지라는 것도 부정할 수 없는 사실이다. 그럼에도 20개가 넘는 국가를 여행하면서 아직까지 일본을 못 가 본 이유가 무엇인지 생각해 보았다. 아마 일본은 마음만 먹으면 당장 갈 수 있다는 생각으로 그동안 남들이 많이 가지 않는 곳으로 여행을 갔었기 때문일 것이다.

10년이 지나 청년이 된 소년은 처음 일본으로 떠나게 된다. 첫 직장에 출근한 지 3달 만에 가게 된 3박 4일 일본 도쿄 워크숍이었다. 공식적인 일정을 제외하면 반나절 정도만 자유시간이 주어졌고 일정, 예약 등 모든 것을 스스로 정하지 않은 여행이라 굉장히 낯설었다. 그래서일까 출발하는 당일 급하게 환전을 했고 여권을 잃어버리는 실수도 했다.

나리타공항에 도착해서 급행열차를 타고 도쿄 시내로 가는 길, 빠르게 지나가는 풍경을 바라보며 나의 행복의 3요소 중 하나인 'Robinson'을 들었다. 미묘하게 다른 이국적인 풍경을 안주 삼아 1,000번도 넘게 들은 민트향 기타 반주에 취했다.

첫 일정은 회사와 인연을 맺고 있는 재단 사람들과의 저녁 식사. 평범한 일본 직장인들이 자주 가는 전형적인 이자카야에서 사케, 하이볼, 맥주를 마시며 '간빠이'와 '건배'를 번갈아 크게 외쳤다.

둘째 날은 재단의 대표 야시오가 사는 요코하마로 향했다.

도쿄의 평범한 일상과 노을

우리는 한국에서 직접 사 온 재료로 떡볶이를 요리했고, 야시오의 아내 요코는 일본 가정식을 끝도 없이 내왔다. 새로운 안주가 나올 때마다 우리의 건배와 간빠이는 계속되었다.

공식적인 워크숍 일정이 끝난 후 도쿄 대학교에서 유학 중인 유럽에서 막살기 멤버 K누나를 만났다. 그녀는 틈틈이 일본 사람들에게 한국어를 가르치며 졸업 후에는 일본 방송국에서 일하고 싶다고 했다. 나는 어떻게 일본에 오게 되었는지, 다니고 있는 회사는 어떤 곳인지, 유학 준비는 왜 포기하게 되었는지 등의 최근 근황을 털어놓았다.

그리고 다시 수년 전 유럽의 추억을 꺼냈다. 우리는 도쿄 시부야에 있었지만 이야기는 어느새 우리를 프라하의 바츨라프 광장, 바트가슈타인의 스키장, 베네치아의 골목, 로마의 잔디밭으로 안내했다. 여행은 추억 맛집이다. 특히 첫 유럽여행은 사골처럼 우려내고 또 우려내도 점점 진하고 맛있게 기억된다.

귀국 날 아침 일찍 일어나 숙소 근처에 있는 카페에서 첫 일본 여행의 순간을 기록했다. 이이다바시역이 보이는 창가에 앉아 커피를 마시며 출근 시간 바쁘게 걷는 사람들을 바라보았다.

걸음을 재촉하며 쳇바퀴 도는 일상을 시작하는 카페 밖의 사람들과 커피를 마시며 글을 쓰고 있는 카페 안의 나는 단지 1cm 유리창을 사이에 두고 나뉘어 있다. 하지만 한 쪽은 바쁘게 일상을 사는 중이고 다른 한 쪽은 여유롭게 여행을 하는 중이다. 오직 나만 여행자라는 사실이 낯설었다. 같은 장소에 있지만 다른 경험을 하고 있는 것이다.

같은 장소라도 받아들이는 느낌과 추억은 각자 다르다. 예를 들어 정동진은 누군가에게는 사랑하는 연인과의 첫 키스 장소로 기억될 수 있지만, 또 다른 누군가에게는 쓰디쓴 이별의 장소일 수도 있다. 익숙한 동네 골목, 직장 앞 카페 같은 평범한 장소도 누군가에게는 아기자기한 추억의 장소일 수 있다. 문득 이런 생각이 들었다.

'하루하루 똑같이 반복되는 평범한 일상을 여행처럼 살 수 있지는 않을까?'

만약 새로운 여행을 기대하는 마음으로 하루를 시작한다면, 매일이 기대되고 설레는 기분좋은 삶을 살 수 있지 않을까. 나와 당신의 내일 아침도 두근거리고 설레기를 간절히 바란다.

여행이 부르는 노래: Robinson ~ Spitz ♪